박소은

카톡ID: miso43355
E-mail: miso43355@naver.com
블로그: blog.naver.com/miso43355

여행이 좋아 한세대학교 관광과에 입학하여 홍콩 인바운드 가이드1) 일을 했습니다. 2008년도 일본을 시작으로 50번 정도 여행을 다녀왔습니다.

"Make a living...living..." 2)
"인생을 숙제 하 듯 살지 말고 축제하 듯 살자."

위 다짐으로 오늘을 살고 있고 있으며, 크루즈 여행은 동아시아 크루즈, 카리브해 크루즈, 지중해 크루즈, 남미 크루즈, 동남아시아 크루즈 등 여러 번 크루즈를 직접 경험을 했습니다. 제가 겪은 크루즈 경험을 토대로,
이 책이 초보 크루즈 여행자들에게 많은 도움이 되길 진심으로 바랍니다.

!바운드 가이드(Inbound Guide): 외국 사람들이 한국에 와서 관광을 할 때 안내하는 인솔자
lake a living....a living : 살아있는 삶을 살자.

동남아시아 크루즈 여행을 시작으로 뒤늦게 브라질, 크로아티아, 그리스, 체코, 싱가포르 등 10여 개 나라를 다녀왔습니다. 여행은 돈 있고 시간 있는 사람들이나 다녀오는 것이란 편견에 첫 해외여행을 37살에 다녀왔고 그 후 생각이 많이 바뀌었습니다.

"세계는 한 권의 책이다. 여행을 하지 않는 자는 그 책의 단 한 페이지만 읽을 뿐이다."

-성 아우구스티누스-

여러 여행 중 크루즈 여행이 가장 깊이 새겨졌기에 이렇게 함께 크루즈 정보를 정리하게 되었습니다.

"삶은 의외로 짧습니다. 더 늦기 전에 떠납시다!"

김용건

카톡ID: dandyguy99
E-mail: rjstkah@hanmail.net

목 차

01 저자가 생각하는, 크루즈 여행이란?
02 크루즈는 허리케인이나 태풍으로 인한 피해는 없을까?
03 크루즈 주요 운항 시즌
04 세계 5위 안에 드는 크루즈 선사
05 크루즈 내에 선실의 종류
06 크루즈 여행! 무엇을 챙겨야 할까?
07 크루즈는 출발하기 하루 전 미리 도착하는 것이 좋다?
08 크루즈 승선 절차!
09 크루즈 둘러보기! 무엇이 무료이고, 무엇이 유료일까?
10 크루즈에서의 하루 일정
11 선상 신문은 무엇이고, 멋진 크루즈 여행을 하는 방법은?
12 크루즈 안에서 인터넷 사용은?

13 크루즈에서 식사는 도대체 어떻게 할까?
14 선내에서 갑자기 아파서 병원을 가야 한다면?
15 크루즈는 효도 여행? 장애인이나 노약자, 즉 신체가 불편하신 분들도 크루즈 여행을 할 수 있을까?

크루즈에서는 다양한 나라에서 온 사람들을 만날 수 있다? 16
크루즈에서 꼭 누려야 할 것? 17
크루즈 기항지 Tip 18
19 기항지 관광 후 크루즈를 놓치게 된다면
20 크루즈 하선 절차!
21 크루즈 여행, 여권과 비자는?

크루즈에 대한 사람들의 고정관념과 오해를 풀어보자! 22
그 외에 크루즈 여행을 할 때 참고하면 좋은 Tip들 부록
소은이가 다녀온 세계 여행지 부록
소은이가 다녀온 크루즈 상품&가격 부록

저자가 생각하는, 크루즈 여행 이란?

크루즈 여행은 '바다 위에 떠 다니는 리조트' 라고 불리기도 하고 '여행의 종합 선물세트'라고 불리기도 한다. 나라별로 이동 시 마다 여행 가방을 쌌다 풀었다 할 필요가 없고 오랫동안 버스나 자동차로 돌아다니지 않아도 되며 자고 나면 새로운 나라에 도착해 있다. 고급레스토랑에서 먹을 수 있는 정찬과 뷔페를 무제한으로 먹을 수도 있고, 다양한 공연과 스포츠를 즐길 수 있고, 여러 나라의 기항지를 자유여행을 할 수 있다. 크루즈여행은 럭셔리하고 편한 휴식을 취할 수 있는 해외여행이다.

이러한 크루즈 여행의 멋과 낭만적인 여행을 한번쯤 꼭 경험해보기를 추천한다. 한국인의 여행 스타일을 고려한 크루즈 여행을 알차게 즐기길 바라며 전자책을 출판하게 되었다.

크루즈는 허리케인이나 태풍으로 인한 피해는 없을까

CRUISE COMPASS

Voyager of the Seas® 오픈 시간

DAY 1 2017년 6월 12일, 월요일
오늘 우리는 싱가폴에 있습니다

보이저호 승선을 환영합니다! 여러분의 모험은 오늘부터 시작됩니다.

일출 7:03 am 일몰 7:31 pm

전원 승선 시간 3:30 pm

오늘의 날씨
88°F (31°C)
습도: 56%
풍량: S 5~10 노트
UV 정도: 6 (아주 높음)
부분적으로 흐리고 비가 올 확률이 높습니다.

오늘의 저녁식사 드레스 코드 :캐주얼

11:30 am - 3:15 pm	Windjammer Café	11
5:30 pm	메인 시팅, 사파이어 다이닝룸	3, 4
5:30 pm - 9:00 pm	마이 타임 다이닝, 다이닝 룸	5
6:00 pm - 9:00 pm	캐주얼 저녁식사, Windjammer Café	11
8:15 pm	세컨드 시팅, 사파이어 다이닝룸	3, 4
5:00 pm - 11:00 pm	Johnny Rockets®	12
6:00 pm - 9:30 pm	Giovanni's Table이탈리안 스타일 다이닝	4
6:00 pm - 9:30 pm	Chops Grille	11
6:00 pm - 9:30 pm	Izumi 일식레스토랑	14
6:00 pm	셰프의 테이블 Chops Grille	11

Costa Today
SHANGHAI
CHEJU

태풍이나 허리케인 예보가 있다면, 미리 일정을 변경한다. 태풍의 영향이 미치 않는 곳으로 대체 항해를 하기 때문이다. 매일 객실로 오는 크루즈 선상 신문을 읽으 다음 기항지를 미리 파악할 수 있다. 보통 선상 신문을 뉴스페이퍼라고 부르기 한다.

만일의 사태를 대비하기 위해 옆 사진과 같이 비상 안전 교육을 승선 후 필수로 이뤄진다. 승객들은 모두 의무적으로 참석해 교육을 받아야 하며, 객실마다 집합 장소가 다르니 방송이나 선상 신문을 잘 참고해야 한다. 잘 모르겠다면, 승무원에게 물어보면 된다.

구명조끼를 찾아서 직접 착용하는 법을 알려주며, 비상 보트 탑승 관련해서 알려준다. 크루즈마다 영상 매체를 통해 알려주는 경우도 있다.

크루즈 (Cruise) 주요 운항시즌

아시아크루즈
(Asia Cruise)
운항 시즌

1

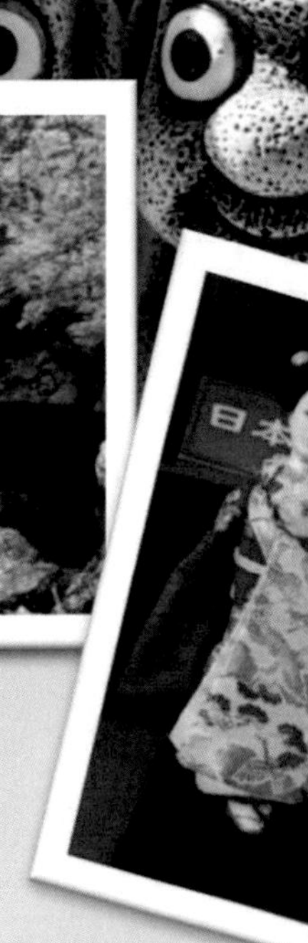

아시아 크루즈 주요운항 시즌, 연중 가능

동남아시아 크루즈는 싱가포르, 홍콩, 말레이시아 페낭, 랑카위, 태국 푸켓을 주로 운항하며, 아시아 크루즈는 한국, 중국, 일본을 주로 운항한다.

지중해크루즈
(The Mediterranean See Cruise)
운항 시즌

2

- 지중해/에게해 크루즈 주요운항시즌, 4월~10월
- 그리스(산토리니, 미코노스, 크레타, 로데스)에서 터키, 이태리, 베니스, 제노아, 바로셀로나, 마르세유 중심으로 운항한다.
- 여름에 날씨가 습하지만 바다가 가장 안정적이고 낮 시간이 길어 선호하는 시기이며, 밤이 길고 파도가 높아지는 겨울은 성수기가 아닌 만큼 한적하다.

알래스카 크루즈 (Alaska Cruise) 운항 시즌

3

알래스카 크루즈 주요운항시즌, 5월~9월

빙하 체험과 수많은 호수 및 대자연 위주의 운항

알래스카는 7, 8월에도 날씨가 선선하고 비가 오락가락한다. 특히, 빙하를 운항하므로 감기에 걸리지 않도록 방한복을 챙기고, 갑작스러운 비를 피하기 위해 방수 점퍼가 유용하다. 5월과 9월에는 아침, 저녁으로 많이 쌀쌀할 수 있으므로 장갑이나 모자 등도 준비하면 좋다.

카리브해 크루즈
(The Caribbean Sea Cruise)
운항 시즌

4

- **카리브해 크루즈 주요운항시즌,**
  1월~12월

- **수백 개의 섬들로 제일 높은 인기**

- **카리브해는 연중 비가 많은 편이나 열대의 스콜처럼 내리며, 건기에도 맑은 날과 비 오는 날이 교대로 나타난다. 월별 평균 기온은 21~30도 정도이며, 건기는 12월말~4월 사이로 가장 여행하기 좋은 기간이지만, 8~9월은 허리케인이 올 가능성이 있고, 6~8월은 여름 방학을 이용해 휴가 온 가족 단위 승객이 많기에 매우 붐비며 요금도 상 한다. 그 외 카리브해는 1년 365일 따뜻하기에 연중 운항한다.**

북유럽 크루즈
(Northern Europe Cruise)
운항 시즌

5

북유럽/노르웨이 주요운항시즌, 5월~9월

북유럽의 7, 8월은 한국의 봄 날씨와 비슷하다. 그러나 한낮에는 온도가 높게 올라가는 경우도 있고, 날씨 변화가 심한 편이므로 북유럽 여행시에는 여름 복장 외에 따뜻하게 걸칠 수 있는 옷을 준비한다. 북유럽 크루즈는 겨울이 길고 춥기 때문에 5월~9월이 북유럽을 여행할 수 있는 유일한 시기이다.

캘리포니아 & 멕시코 크루즈
(California & Mexico Cruise)
운항 시즌

7

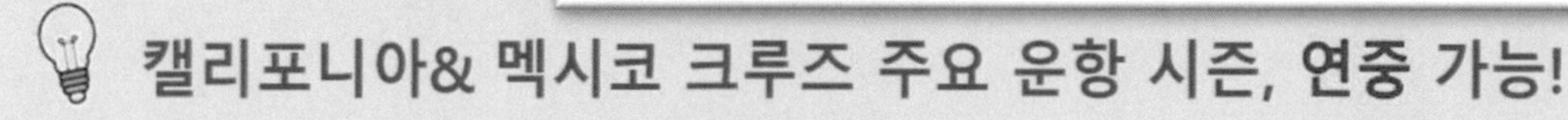

캘리포니아& 멕시코 크루즈 주요 운항 시즌, 연중 가능!

캘리포니아는 계절별로 한국보다 온도가 다소 높은 편이며, 일조량 많다. 따라서 겨울철에 캘리포니아 & 멕시코 크루즈 일정을 계획 한다면 반팔과 함께 체온을 유지할 수 있는 따뜻한 옷을 준비하고, 여름, 가을, 겨울에는 가벼운 옷차림으로 무난하고, 가볍게 걸칠 수 있는 점퍼나 가디건이 유리하다.

남미 크루즈
(South America Cruise)
운항 시즌

8

- 남미 크루즈 주요운항시즌, 11월~3월

- 페루, 볼리비아, 아르헨티나, 브라질 등 넓은 남미 대륙을 더욱 안전하고, 편안하게, 다양하게 여행을 즐기기 위해서는 남미 크루즈를 추천한다.

하와이 크루즈
(Hawaii Cruise)
운항 시즌

하와이 크루즈 주요 운항 시즌, 1월~12월

1월이 가장 온도가 낮아 시원하며, 고래를 관찰할 수 있는 최적의 기간이다. 그 외에 연중 따뜻하고 온화한 날씨를 자랑하는 하와이 8-9월에 허리케인의 영향권에 들어갈 수도 있지만, 피해 수준은 미미하다.

호주/뉴질랜드 크루즈
(Australia & New Zealand Cruise)
운항 시즌

10

호주/ 뉴질랜드 크루즈 주요운항시즌, 11월~2월

호주의 전체 인구의 ¼이 몰려 있는 호주 최대 도시 시드니에서 출발해서 뉴질랜드 베이오브 아일랜드, 오클랜드, 타우랑가, 웰링턴, 아카로아 중심으로 운항한다.

세계 5위 안에 드는 크루즈 선사

2019년 1월

Luxury Cruise Ranking

	하모니 Harmony of the seas	오아시스 Oasis of the Seas	메라비글리아 Meraviglia	노르웨이지안 조이 Norwegian Joy	퀀텀, 앤썸, 오베이션 Quantum, Anthem, Ovation of the Seas
	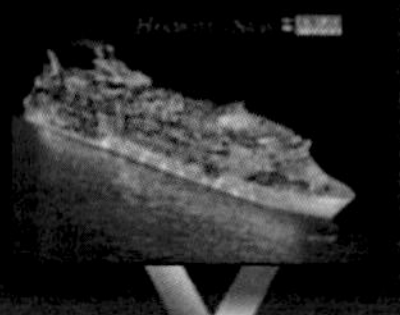	 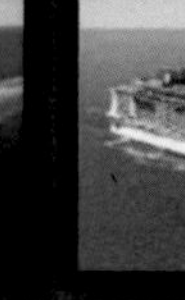			 
	1위	 2위	 3위	 4위	 5위
출항 연도	2016년	2010년	2017년	2017년	2014, 15, 16
길이	362.12m	362m	315m	325.9m	347~348m
넓이	66m	65m	49.47m	41.4m	48.9~49.47m
객실	2,747개	2,747개	2,250개	2,100개	2,090개
최대 승객	6,360명	6,360명	5,714명	3,883명	4,905명

크루즈 내에 선실의 종류

크루즈 선실 유형은 크게 인사이드, 오션뷰, 발코니, 스위트로 나뉜다. 인사이드 선실은 창문이 없으며, 오션뷰 선실은 열지 못하는 창문이 있는 선실이다. 저렴한 요금으로 크루즈 여행 계획이 있다면, 인사이드 선실 또는 오션뷰 선실로 예약하는 것이 좋다.

발코니 선실은 창문이 열리고 개별 베란다로 나갈 수 있다. 베란다에서 주변 경관을 감상할 수 있어서 가장 많이 선호하는 선실 유형이다.

스위트 선실은 개별 발코니와 욕조가 있고, 더욱 편안한 크루즈 여행을 즐길 수 있지만, 가격이 다소 높은 편이다.

01
"창문 없이
꿀잠을 즐겨볼까?"
인사이드 선실
인사이드 캐빈
(Inside Cabin)
트윈 베드로 변경 가능한 퀸사이즈 더블
TV와 전화기
샤워기가 있는 욕실과 세면대
헤어드라이기
화장대/ 옷장 등의 수납공간

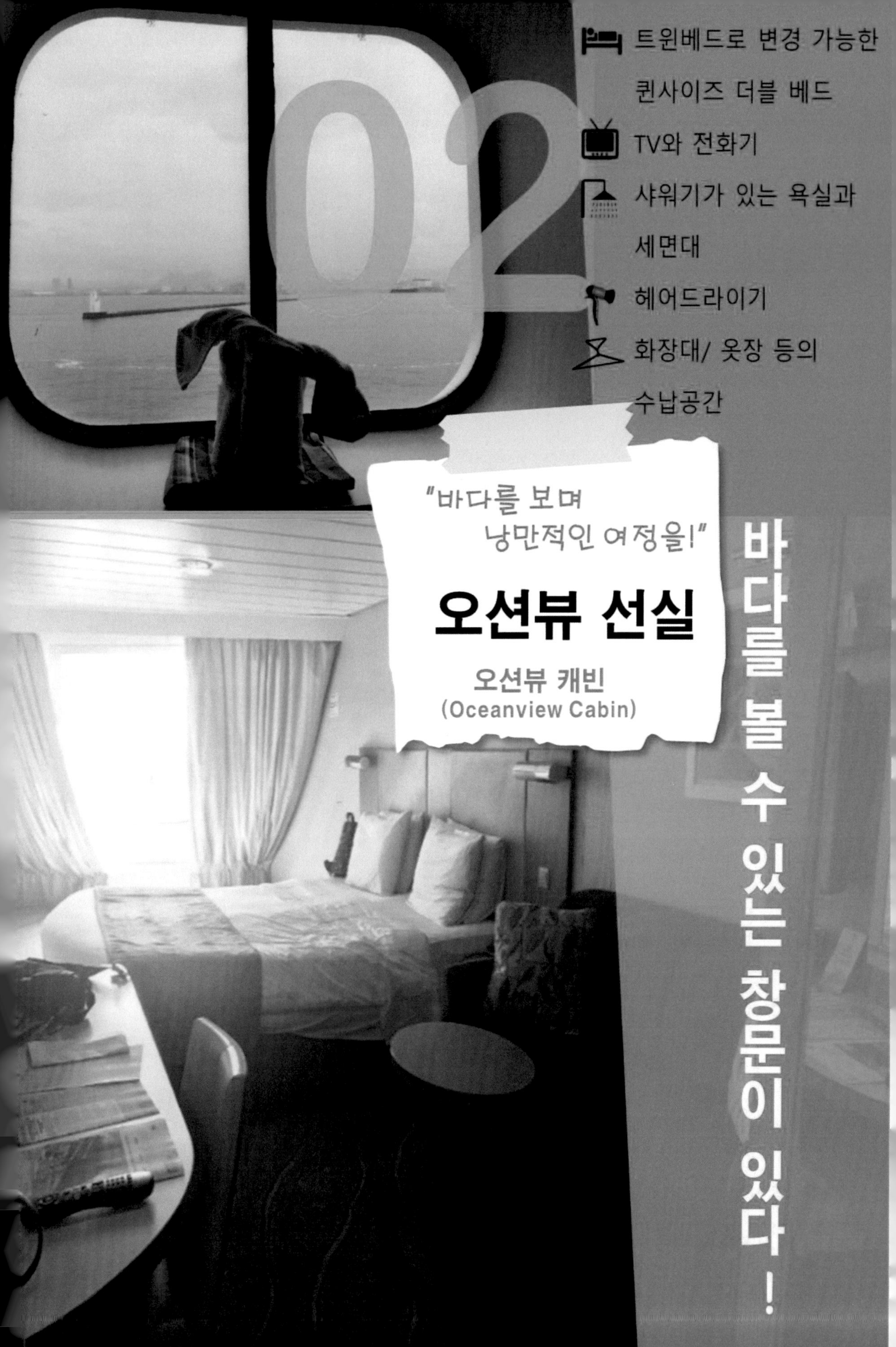
02
트윈베드로 변경 가능한
퀸사이즈 더블 베드
TV와 전화기
샤워기가 있는 욕실과
세면대
헤어드라이기
화장대/ 옷장 등의
수납공간
"바다를 보며
낭만적인 여정을!"
오션뷰 선실
오션뷰 캐빈
(Oceanview Cabin)
바다를 볼 수 있는 창문이 있다!

바닷바람을 쐴 수 있는 발코니!

"창문으로는 부족해! 바다 공기를 쐬자!"

발코니 선실

발코니 캐빈
(Balcony Cabin)

03

- 트윈베드로 변경 가능한 퀸사이즈 더블 베드
- TV와 전화기

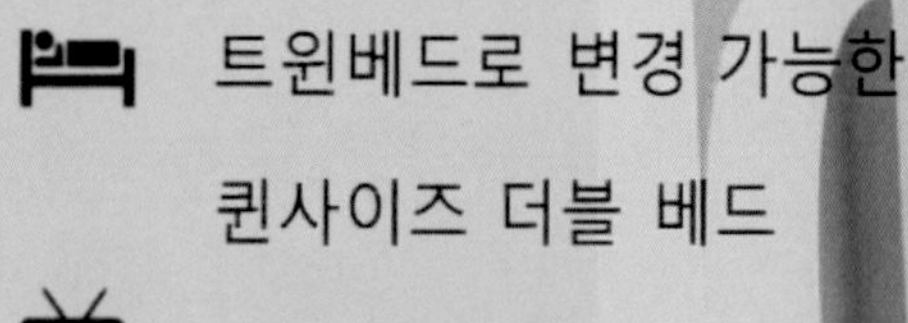

- 샤워기가 있는 욕실과 세면대
- 헤어드라이기

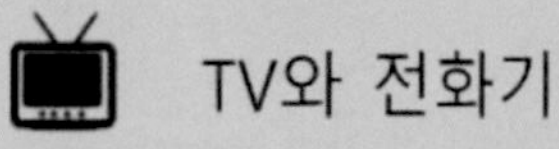

- 화장대/ 옷장 등의 수납공간

트윈베드로 변경 가능한 퀸사이즈 더블 베드
TV와 전화기
샤워기가 있는 욕실과 세면대,
헤어드라이기
화장대/ 옷장 등의 수납공간
04
"크루즈에서 고급스러운
하루하루를 보내고 싶다면!"
스위트 선실
스위트 캐빈
(Sweet Cabin)

크루즈 객실 복도는 크루즈의 분위기에 따라 다르며, 모던하고 깔끔한 곳,
혹은 아기자기하게 꾸며놓은 곳이 있다. 또한, 객실 해당 호수에 생일인
사람이 있다면, 생일 축하 사인들이 문 앞에 붙여 있다.
복도도 엄청 길기 때문에 편한 신발은 필수로 준비한다.
CASA de CAMPO
VOYAGER OF THE SEAS
크루즈 마다 특별한 컨셉으로 복도를 꾸며 놓는다.
다양한 전시물과 작품으로 승객들의 눈을 즐겁게 해준다.

크루즈 여행! 무엇을 챙겨야 할까?

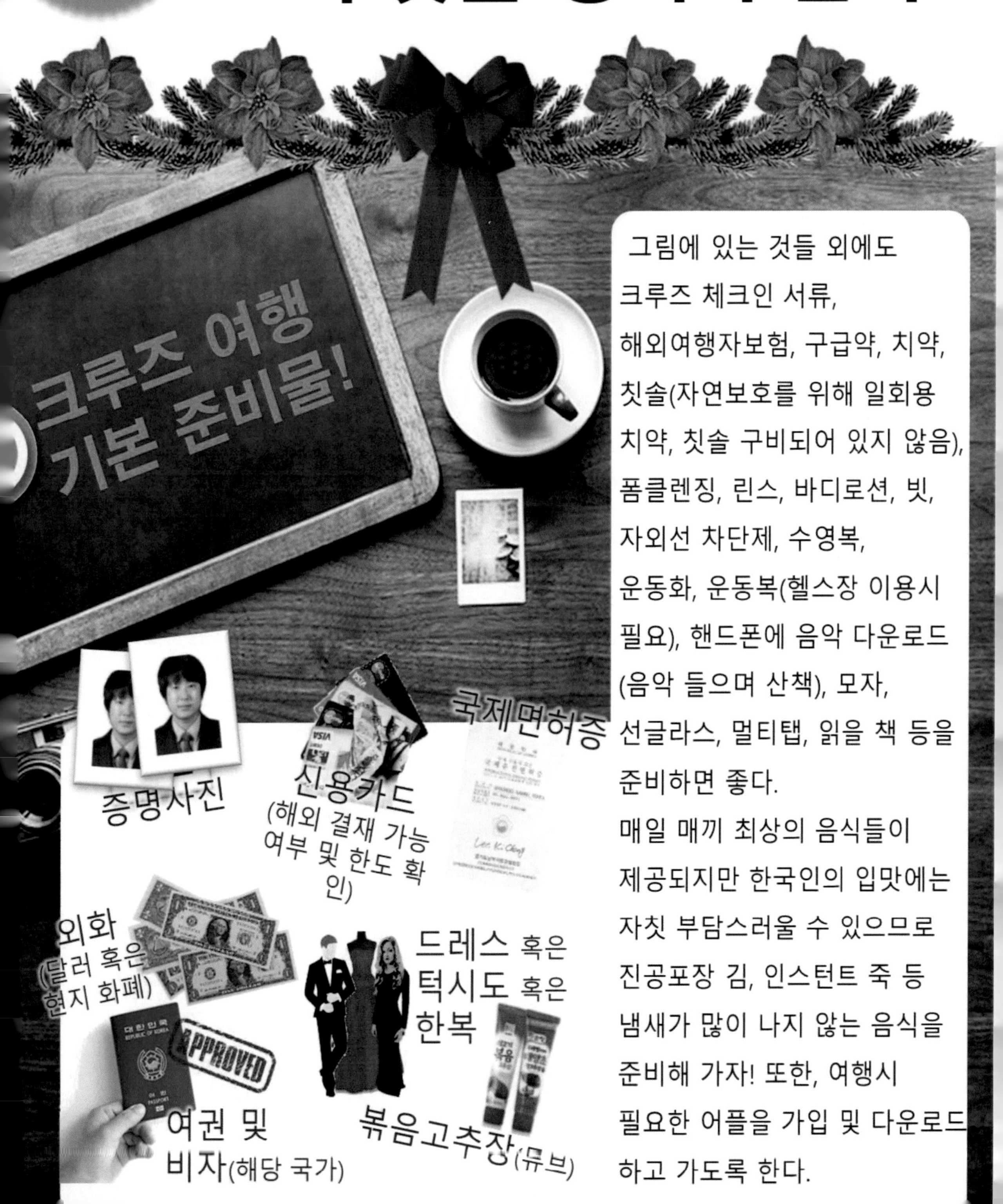

그림에 있는 것들 외에도 크루즈 체크인 서류, 해외여행자보험, 구급약, 치약, 칫솔(자연보호를 위해 일회용 치약, 칫솔 구비되어 있지 않음), 폼클렌징, 린스, 바디로션, 빗, 자외선 차단제, 수영복, 운동화, 운동복(헬스장 이용시 필요), 핸드폰에 음악 다운로드(음악 들으며 산책), 모자, 선글라스, 멀티탭, 읽을 책 등을 준비하면 좋다.

매일 매끼 최상의 음식들이 제공되지만 한국인의 입맛에는 자칫 부담스러울 수 있으므로 진공포장 김, 인스턴트 죽 등 냄새가 많이 나지 않는 음식을 준비해 가자! 또한, 여행시 필요한 어플을 가입 및 다운로드 하고 가도록 한다.

크루즈 여행! 무엇을 챙겨야 할끼

1) 저녁 정찬 복장

매일 저녁 메인 다이닝룸(Dining Room)에서 식사할 경우에 선상 신문에 안내되는 드레스 코드

- 캐주얼(Casual) : 편한 셔츠와 긴 바지, 블라우스와 스커트 등의 스마트한 캐주얼 복장
- 준 정장(Informal) : 남성은 자켓 착용, 여성은 스커트나 바지 정장
- 정장(Formal) : 남성은 턱시도, 디너 자켓 또는 넥타이를 한 짙은 색 양복 정장, 여성은 이브닝 드레스 또는 칵테일 드레스, 정장, 한복 등

2) 크루즈 평상시

선내에서의 낮 시간 동안에는 특정한 복장에 구애되지 않고 자유롭다. 티셔츠, 반바지 등 편안한 차림으로 활동할 수 있으며, 갑판에서는 수영복 차림으로 썬텐을 즐기는 등 특정한 드레스코드에 규정지어지지 않고 원하시는 대로 입는다. (계절에 맞는 캐주얼 한 복장 / 편한 신발, 운동화, 편한 슬리퍼(크루즈는 엄청 넓다) / 수영복_수영장과 자쿠지, 스파 시설/ 운동복)

3) 기항지 관광

정해진 복장은 없으며, 현지 기후 및 본인이 선택한 기항지 관광 프로그램에 알맞은 편안한 복장과 신발을 추천한다. 단, 일부 사원이나 교회 등을 방문 할 때에는 짧은 바지나 슬리퍼 등의 복장 제한이 있을 수 있으니 사전에 확인하는 것이 좋다.

크루즈가 출발하기 하루 전 미리 도착하는 것이 좋다?

미리미리 하루 전에

크루즈는 오후 4시쯤 출항하기 때문에, 당일 오전 11시쯤 크루즈에 탑승해서 승선 절차를 밟는 것이 안전하다. 일찍 승선해서 크루즈 내부를 파악하고 점심 식사는 크루즈에서 식사를 즐기면 좋다. 동남아시아 크루즈의 경우에는 직항으로 크루즈 탑승시간 전에 여유 있게 도착하기 때문에 출발 당일 날 비행기를 타도 된다. 하지만 비행기는 연착이나 기후 변화로 인한 변수가 많기 때문에 가급적 크루즈 타기 하루 전날에 도착해서 숙박을 하고 승선하는 것이 좋다.

크루즈 승선 절차!

그냥 타면 되는거야?

1 크루즈 승선 수속 과정!

여객터미널

수하물 수속

승선 수속
(승선서류, 여권, 신용카드 등)

승선카드발급

크루즈 승선

수하물 수속

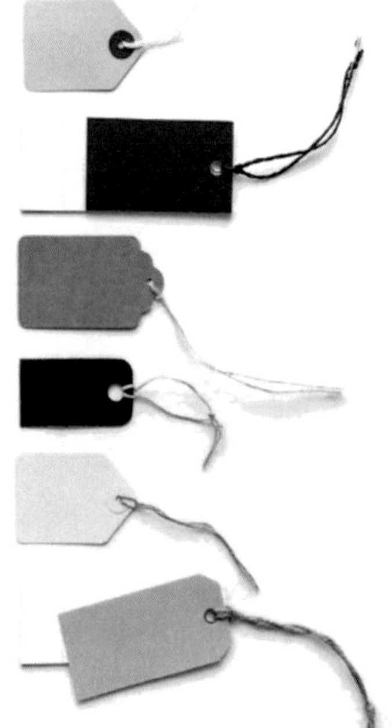

한국에서 발급되는 수화물 표(Baggage tag)를 각각의 짐에 부착하여 터미널에서 대기하고 있는 포터(수하물 운반 직원)에게 인계하면 된다. 수화물 표가 없을 경우 크루즈 포터에게 별도로 제공 받는 수화물 표에 본인의 객실 번호 및 이름을 영문으로 기입한 후 짐을 맡기면, 객실로 각자의 짐이 배달된다.

(단, 귀중품이 든 손가방, 승선 서류 및 여권 등은 반드시 개인이 휴대하고 터미널 안으로 들어가야 함)

승선 수속

터미널 내로 들어가면 승선 카운터 창구가 있으며, 대기 후 자신의 차례가 돌아오면 수속 카운터에 승선 서류 또는 온라인 체크인 완료된 서류, 여권(유효기간 6개월이상), 신용카드(해외 승인 가능)를 제시한다.

확인 후 선내에서 선실 열쇠, 신분증, 신용카드로 모두 사용 가능한 승선카드(Seapass Card)를 발급해주며 이로써 승선 수속이 완료된다.

★ 승선 수속 시 사용 가능한 신용 카드: 비자, 마스터, 아메리칸익스프레스, 제이씨비, 디스커버, 다이너스. 현금 결제를 원할 경우에는 일정 금액의 보증금(Deposit)이 필요한데, 6박 이상일 경우 US$ 500, 2박에서 5박 일정일 경우 US$ 300을 예치해야 한다. (선사별 상이할 수 있음)

예치금이 거의 소진될 시점에 해당 선내에서 고객께 전화 또는 안내 메시지를 통해 관련 내용을 안내한다. 신용카드 연계 없이 현금으로 사용할 경우, 다소 번거로우므로 가급적 신용카드를 사용하는 것이 좋으며, 하선 전날 사용한 금액을 현금으로 지불할 수도 있다.

승선 카드 분실 시를 대비해 별도의 선실 번호가 명기돼 있지 않기 때문에, 선실 번호는 잘 기억해두어야 한다.

★ 보증금 금액은 추후 사전 공지 없이 변경될 수 있다.

승선 카드 발급 및 내용

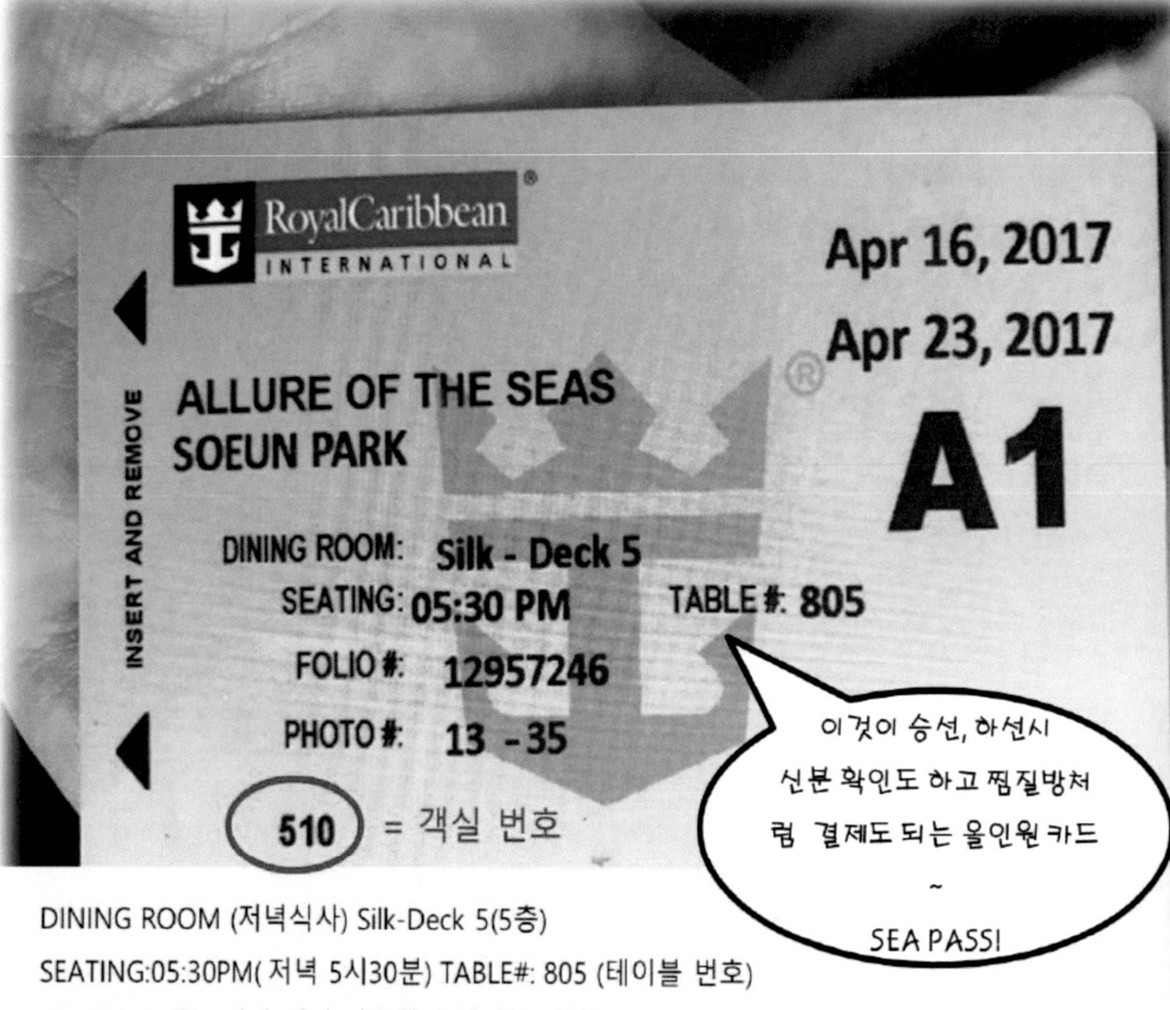

DINING ROOM (저녁식사) Silk-Deck 5(5층)

SEATING:05:30PM(저녁 5시30분) TABLE#: 805 (테이블 번호)

FOLIO#: 크루즈에서 내가 사용한 금액 청구 번호

PHOTO #: 13-35 (크루즈 내에서는 곳곳에 포토존이 있는데, 향후 돈을 내고 구매 가능하다. #. 13-35 는 내 사진들을 모아 놓은 곳의 번호)

첫 날 승선 시에는 각 기항지에서의 빠른 승하선 절차를 위해 해당 승선 카드를 승하선 검색 시스템에 넣고 개별 사진을 찍게 된다. 추후 승하선 시에는 승선 카드를 시스템에 넣게 되는데, 그때 첫 승선 시에 찍었던 승객의 얼굴이 화면에 나타나 직원들이 쉽게 승객 확인이 가능하도록 되어 있다. 보통 씨 패스(SEA PASS)라고 부른다.

크루즈 둘러보기!

"무엇이 무료이고, 무엇이 유료일까?"

① 실내 이용 시설

크루즈 마다 부대시설은 다르지만, 보통 지층에 크루즈내 응급관련 병원, 3층~5층은 안내데스크, 인터넷 와이파이 구매하는 곳, 정찬 레스토랑, 빙고 게임장, 오락실, 공원, 댄스 강습, 커피숍, 공연장, 카지노, 나이트클럽, 째즈bar, 쇼핑 센터, 미술 전시장, 사진 갤러리 등이 있고, 8층에는 도서관, 10층은 아침과 점심식사 때 주로 이용하는 뷔페, 피자가게, 햄버거 가게, 수영장, 월풀, 키즈카페, 헬스장, 사우나, 미용실, 요가, 스노우 보드, 서핑, 선상 예배당이 있고, 12층 혹은 15층에는 스페셜 레스토랑이 있다. 크루즈 선사마다 다르기 때문에 크루즈 정보 신문을 참고하면 좋다. **(단, 선사별 상이할 수 있음)**

1 크루즈 미아 No No!

보통 엘리베이터 옆이나 복도 끝자락에 크루즈 안내판이 있다. 그 안내판을 이용해서 운동 삼아 크루즈 전체를 둘러보는 것도 크루즈 여행에 도움이 된다.

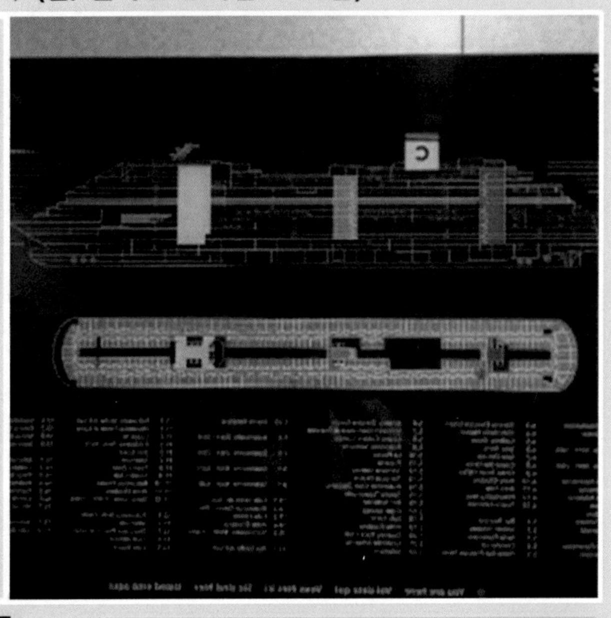

카지노도 구경하세요! 2

크루즈에서 카지노도 즐길 수 있다. 각종 카지노 기계가 있으며 성인만 입장 가능하다. 승선 카드가 있어야 들어갈 수 있다. 참고로 아침 일찍 가면 사람이 별로 없으므로 조용한 카지노 분위기를 느껴볼 수 있다.

3 뮤지컬, 오페라 공연장

국내 왠만한 시어터에 버금가는 대규모 뮤지컬 및 오페라 공연장이 마련되어 있다. 뮤지컬, 오페라, 서커스나 영화 상영 등의 일정이 매일 있으므로 선상 신문을 참고하여 가면 된다. 공연 내용은 매일 달라지며, 내용과 수준이 상당하며 공연만 매일 봐도 크루즈 비용이 아깝지 않다.

크루즈에 아이스링크가? 4

상당한 규모의 아이스링크도 있다. 여러 무대 시설과 조명도 갖추어져 있고 수준 높은 공연배우들의 아이스링크에서 펼치는 공연은 환상적이고, 감동적이다. 예약은 필수이며, 무료이다. 공연을 보고 있으면 피겨여왕 김연아가 떠오른다. 뮤지컬이나 오페라와는 또 다른 감흥을 준다.

5 클럽

크루즈에는 클럽이 있다. CD와 USB에 원하는 음악 파일을 담아 가면 틀어 주기도 한다. 보통 4층, 5층, 12층, 14층 등에 위치해 있으며, 외국인들과 함께 댄스파티를 즐길 경우도 있다. 클럽인 만큼 음료와 주류도 있는데, 무료가 아닌 경우가 많다. 신나는 음악과 함께 즐기러 클럽에 온 많은 이들과 멋진 밤을 보내보자!

6 이벤트 행사상품

주류, 가방, 시계, 크루즈 선사 로고가 있는 모자, 액세서리 등 다양한 상품들에 대한 이벤트 행사를 진행한다. 4개에 99불, 3개에 99불 등 착한 가격에 행사를 하며, 크루즈 선사 로고가 있는 모자 혹은 옷들은 구매하는 것도 크루즈에 대한 추억을 회상하는데 도움이 될 것이다.

스파 & 피트니스 센터 7

얼굴, 몸 마사지, 헤어, 매니큐어, 패티큐어 등 머리부터 발끝까지 다양한 미용 서비스를 제공하는 스파샵이 있으며, 크루즈 일정 동안 다양한 할인 행사가 있으므로, 선상 신문을 꼭 체크하자.

또한, 눈앞에 바닷가 풍경, 해돋이를 보며 피트니스 센터에서 러닝 머신, 덤벨, 스텝퍼 등 다양한 헬스 기구들을 경험해 보자.

8 무제한 주류

어떤 크루즈는 무제한 주류 및 음료가 포함 되어있는 크루즈가 있고, 어떤 크루즈는 크루즈 기간동안 일정한 금액을 지불하면 무제한으로 주류 및 음료를 마실 수 있는 크루즈가 있다. 보통 5층 이벤트장에 주류 행사를 여는 경우가 많다.

9 헬스장 및 실내 조깅

크루즈는 워낙 식사가 잘 나오고, 엘리베이터가 있어 이동도 편하기 때문에 살이 찌기 쉽다. 거기에 음주까지 한다면 크루즈를 다녀올 때마다 5킬로, 10킬로 살이 찌는 자신을 발견할 수도 있다. 시간 나는 틈틈이 헬스장을 이용하여 건강 관리를 하도록 하자!

미술품 경매 10

크루즈에서는 이벤트 마켓도 열린다. 상시 매장도 있으나 일정 기간 이런 마켓도 열리며 할인도 꽤 많이 해준다. 혹시 미술품에 관심이 있다면 꼭 참여하여 평생 간직할 기념품으로 미술품을 구입해보자!

11 센트럴 파크

크루즈와 자연을 접목한 발상의 전환으로 기획된 센트럴 파크는 크루즈 여행 중에도 대규모 공원에서 자연의 편안함을 만끽할 수 있게 한다. 보통 5층 정도에 광장이 있다. 이곳 광장에서는 공연도 하고 파티도 하며 쇼핑 이벤트도 벌어진다.

12 스파 온천

야외에 스파 온천도 있지만 크루즈마다 다르겠지만, 실내에 온천 시설이 갖추어진 크루즈도 있다. 보통 수영복을 착용하고 들어간다. 스파 온천 이용 시간을 선상 신문에서 확인 가능하다.

우아한 정찬 레스토랑 13

정찬 레스토랑은 보통 저층에 있다. 3층에 있는 경우가 많은데 들어가 보면 타이타닉에 나오는 주인공이 된 기분이다. 3개 층에 걸쳐서 테이블이 준비되어 있다. 정찬은 특별히 'my time'이라고 적혀 있지 않은 한 미리 예약하고 들어가야 한다. 정찬 메뉴는 스테이크부터 크랩까지 다양한데, 스페셜 메뉴판에 있는 메뉴를 별도로 시키지 않는 한 무료이고, 여러 번 시킬 수 있다.

14 뷔페 레스토랑

정찬 레스토랑이나 뷔페 레스토랑이나 삼시세끼 모두 가서 먹을 수 있다.
동남아시아 크루즈의 경우 12층에 뷔페 레스토랑이 있는데 과일, 샐러드, 육류, 스파게티, 음료 등 다양한 메뉴를 무료로 즐길 수 있다. 조금 서둘러서 창가 쪽에 자리 잡으면 바다 풍경도 보면서 식사를 즐길 수 있다.

② 실외 이용 시설

1 야외 수영장

크루즈에는 야외에 수영장이 대부분 있다. 크기나 수영장 갯수, 모양이 다르며 이용할 수 있는 시간도 정해져 있다. 수영 후 닦을 수 있는 타월도 대여할 수 있다. 아침 일찍 혹은 기항지에서 투어 후 수영장에서 놀면 밤에 꿀잠을 잘 수 있다. 야간에는 은은한 조명을 켜져 있다.

야외 미니 골프장 2

크루즈에서 미니골프 대회도 이루어지며 매일 연습을 해도 되는 야외 미니 골프장이 있다.

짚 라인& 회전목마

크루즈 내에서 짚라인(Zip Line)을 즐길 수 있는 크루즈도 있고, 실내 공원에 회전목마 등 놀이시설이 있는 크루즈도 있다.

tip 선내에서 무엇이 무료이고, 무엇이 유료일까?

크루즈 다 부대시설이 다르지만, 각종 프로그램, 댄스 강습, 사우나, 수영장, 월풀 욕조, 암벽 타기, 미니 골프, 서핑, 스노보드, 클라이밍, 스케이트, 농구 등 각종 스포츠 활동, 게임과 공연 쇼는 무료이고, 정찬 레스토랑, 뷔페 또한 무료이다.
크루즈 내에서 유료인 것은? 크루즈 결재 시 항만세, 기항지 관광, 전화 및 인터넷, 객실 서비스 팁 (하루 평균 10달러), 음료와 주류, 칵테일, 스페셜 레스토랑, 카지노, 사진 구매, 쇼핑, 스타벅스, 스파 마사지, 네일 아트, 헤어 관리, 헬스장, 요가, 필라테스, 요리 교실, 세탁 서비스, 의료 서비스 등은 유료이다. 자세한 것은 크루즈 선상 신문을 참고하면 좋다.

3 탁구장 및 탁구대회

탁구대가 있으며 탁구 대회도 열린다. 그야말로 세계챔피언 전이다.
인원수에 따라 토너먼트나 리그전을 하며 순위 안에 들어갈 경우 메달도 얻을 수 있다. 이 메달은 파는 곳이 없으므로 소장 가치가 있다. 여러 국가에서 온 사람들과 대결하는 탁구 시합은 한국에서 와는 또 다른 재미가 있다.

야외 풋살장과 풋살대회 4

풋살장도 있고 마찬가지로 대회도 한다. 거의 A매치 국가대표 경기다. 중국, 스페인, 캐나다, 영국, 남아프리카 등 각지에서 온 다양한 연령의 사람들과 팀을 이뤄 축구시합을 한다.
크루즈 스태프가 심판도 맡아준다. 경기 후 탁구와 마찬가지로 메달을 준다. 크루즈에서 온갖 맛난 음식을 먹고 게으름 피웠던 몸을 깨우기 딱 좋다.

5 해먹과 썬베드

선수나 선미에는 선탠과 야외 취침을 즐길 수 있는 해먹도 준비되어 있다.
나라별 기온이 다른데, 동남아시아 크루즈와 같이 따뜻한 지역의 경우 밤에도 야외 취침을 할 수 있기도 하지만, 추울 수 있으므로 담요나 배스 타월을 챙기면 좋다.
배스 타월은 대여 가능하다. 낮에는 따뜻한 햇볕을 온몸으로 쬐며 선베드에서 여유 즐기기를 강력 추천!

6 클라이밍

클라이밍을 좋아하는 사람들에게는 천국이다. 매일 암벽 등반(클라이밍)을 즐길 수 있기 때문이다. 양말을 준비해 가면, 클라이밍 신발 및 장비는 무료로 빌려준다. 꼭대기에 올라가서 멀리 보이는 바다와 태양은 정말 인상 깊을 것이다. 초보자들은 전문 강사의 안내에 따라 이용하면 된다. 단, 전부 영어 강습이다.

7 서핑 보드 연습장

매일 서핑 보드(인공파도타기)를 즐길 수 있는 크루즈가 있다. 안전 요원들이 항상 대기 중이며, 시간대에 따라서 엄청 줄이 길 때도 있다. 미리미리 줄을 서서 꼭 타보자!
물살이 세어서 가끔 수영복이 벗겨지는 사람도 종종 있다. 반드시 수영복을 꼭 여미고 타야 한다.

8 야외 놀이 기구

선사나 크루즈에 따라 다르지만 야외 놀이 기구가 있는 경우도 있다. 어린이들을 위한 수영장 혹은 어린이들을 위한 놀이기구 및 어린이 놀이시설도 많이 준비가 되어 있기에 가족들과 더욱 편하고 럭셔리한 여행을 즐길 수 있을 것이다.

9 야외 포토존 이벤트

기항지 투어하기 위해 크루즈에서 육지로 내려올 때면, 야외 포토존 이벤트가 준비가 되어 있다. 찍은 사진은 나의 ID 카드에 PHOTO #: 번호가 적혀 있는데, 해당 번호에 사진이 준비가 되어 있으며, 사진은 구매를 해도 되고, 안 해도 된다. 여러 번 포토존에 참여하고 잘 나온 사진을 구매한다면 그 또한 특별한 사진일 것이다.

농구장 10

선상 신문에는 매일 다른 이벤트가 준비가 되어 있다. 어느 날은 농구 대회, 어느 날은 탁구 대회 등 모든 대회 참여는 대부분 무료이며, 여러 나라 사람들과 경기를 할 수 있다. 경기에서 이기게 되면, 다양한 상품을 받을 수도 있다. 보통 크루즈사에서 준비하는 메달 혹은 로고가 붙어있는 가방 등 선물은 다양하다.

11 야외 공연장

뷔페에서 식사를 하고 밖에 나오면, 야외 공연을 하는 경우도 있다. 바다를 보며 야외 공연을 볼 수 있는 특별한 기회이다. 크루즈 안을 걸어 다니며, 잠시 벤치에 앉아서 공연감상도 하고, 바다도 보고. 정말 럭셔리한 경험을 할 수 있는 크루즈 여행, 말그대로 여행의 끝판왕이 아닐까?

No. 10
★ Luxury Cruise ★

TUESDA

크루즈에서의 하루 일정

크루즈 낮일정

	아침 7시	아침운동
	8시 30분	뷔페식사
	9시 30분	다양한 액티비티 (게임, 스포츠, 토너먼트 등)
	정오 12시	뷔페식사
	13시	야외수영장 행사 참여
	15시	Bar, Club, 레스토랑 등 행사 참여
	16시	일광욕 & 수영

크루즈 밤일정

	17시	댄스강
	19시	정찬식
	21시	대극장 공연 관
	22시	나이트클 댄스라운 각종 파
 	24시	취침 후 지인들

tip
본 자료는 예시이다. 크루즈에서는 여러 이벤트와 행사, 액티비티가 매일 마련되어 있다. 모두 쫓아다니기 힘드므로 매일 공되는 선상 신문을 참고하여 하루 일정을 짜도록 하자. 선상 신문은 객실 청소를 하 가져다 주는데 한글 버전은 한국인 여행 이 많으면 안내 데스크에 구비하기도 한다

No. 11 Luxury Cruise

선상 신문은 무엇이고, 멋진 크루즈 여행을 하는 방법은?

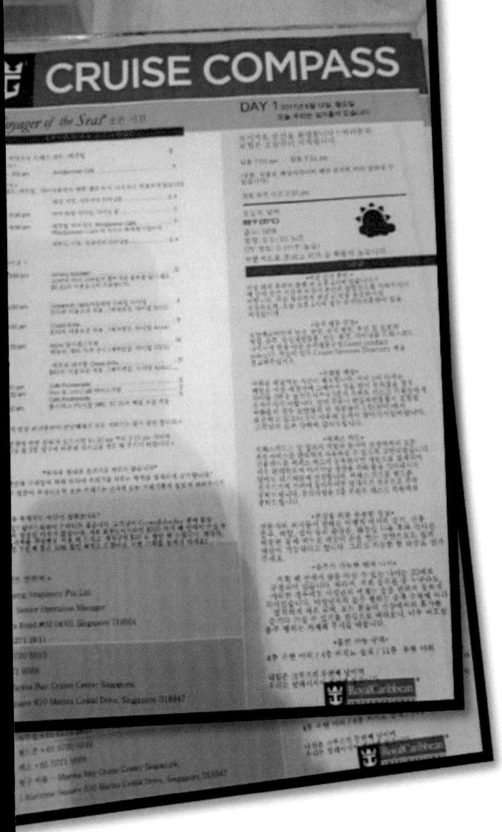

로열캐리비안 크루즈의 선상 신문이다.
크루즈 컴퍼스(CRUISE COMPASS)라는 제목으로 발행된다. 해당 크루즈에 한국인이 많이 타면, 한국어로 번역되어 발행된다. 물론 안내데스크까지 가야 하는 번거로움이 있지만 편하게 보기 위해 그 정도 수고는 감내할 만하다.
내용을 보면, 오늘의 저녁식사 드레스 코드부터 식사 가능 시간, 커피와 샌드위치가 무료인 스낵바 운영 시간, 다음 목적지, 현지 에이전트 연락처, 현재 위치, 날씨, 비상 훈련 일정, 수화물 배달, 씨 패스 카드 관련 안내, 흡연 가능 구역 등의 자세한 정보들이 나와 있다. 물론 각종 공연, 이벤트, 쇼핑에 대한 정보들도 제공된다. 크루즈가 워낙 넓고 즐길 일정들이 많아서 반드시 아침에 선상 신문을 훑어보고, 일정을 정하여 움직이는 것이 크루즈를 100% 즐기는 방법이다. 한국에서 신문을 멀리 했더라도, 크루즈에서는 친해지자!

객실 청소가 끝나면 이렇게 수건으로 동물 모양을 만들어주고 그 앞에 선상 신문을 비롯하여 각종 소식지를 전해준다. 혹시 복도에서 청소해주시는 분들을 만나면 반갑게 미소로 인사드리자^^
이런 색다른 즐거움이 너무 고맙지 아니한가?

tip

호기심과 약간의 용기 그리고 적극적으로 참여하는 마음만 있으면 춤과 영어를 잘 못해도 좋다! 춤은 크루즈에서 댄스 강의 시간에 배우면 되고, 영어는 오프라인 구글 번역기 혹은 바디랭귀지를 사용하면 된다. 영어를 아주 잘한다면, 외국인들과 수많은 대화를 나눌 수 있지만, 영어를 못해도 눈빛, 표정, 바디랭귀지로 모든 의사소통이 충분히 가능하다. 약간의 용기를 내자! 인생은 한번 뿐이지 않은가?

크루즈 안에서
인터넷 사용은?
No. 12
Luxury Cruise

CRUISE

크루즈 와이파이?

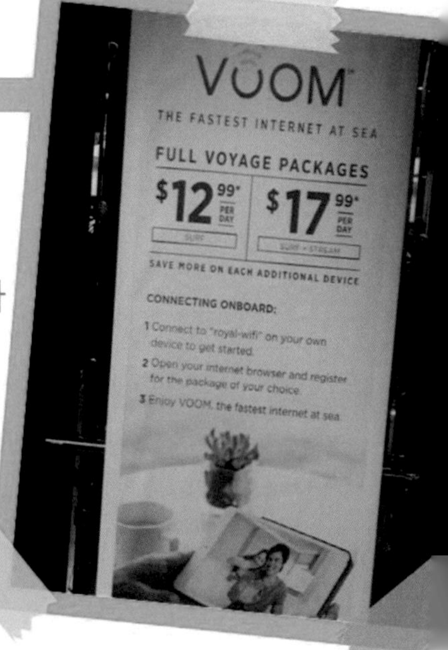

Q 기항지 투어 할 때, 인터넷 사용?

A 기항지 투어 할 때 인터넷(카카오톡, 네이버 등) 사용은 무료 와이파이가 되는 커피숍을 이용하거나 통신사 데이터 로밍, 또는 해당 국가의 유심칩을 한국에서 인터넷쇼핑몰에서 구매해서 사용하기도 한다. 반드시 유심은 새것을 개봉하고, 현장에서 데이터를 확인한다.

Q 크루즈 안에서 인터넷 혹은 와이파이는?

A 크루즈는 비행기처럼 통신 이용이 제한되는 것은 아니지만, 통신사 데이터 로밍을 이용하더라도 항구에서 멀어질수록 수신이 약해진다. 선내에서는 유료 와이파이는 가격이 비싸므로 인터넷이 필요할 때는 선내에 마련된 인터넷 카페를 이용하거나 4명 정도 함께 선내 유료 인터넷을 구매할 때 할인해주는 선사들도 있다. 구매처는 5층 안내데스크 근처에서 인터넷 관련 배너들을 살펴보면 찾을 수 있다. 인터넷이 빠른 편은 아니지만 카카오톡이나 네이버 등 정도는 사용할 수 있다.

크루즈에서 식사는 도대체 어떻게 할까?

① 뷔페(Buffet)

뷔페를 살펴보면 왼쪽의 사진들과
이 매우 다양한 음식이 준비되어
다. 크루즈마다, 선사마다 다르지만,
개 고층에 뷔페식당이 위치하고 있다.

식사 시간이 되면, 매우 붐비므로
침 식사라면 조금 일찍 가면 편하게
리를 잡을 수 있고, 자리를 잘 잡으
창가에 앉아서 식사를 할 수 있는데,
루즈가 항해하며 바다를 가르는 모습
저 멀리 뭉게구름, 바다의 풍경을 보
서 음식을 즐길 수 있다.

페는 아침, 점심, 저녁 모두 먹을 수
으나 시간이 지나면 닫혀서 들어갈
없으므로 꼭 식사시간을 확인하도록
다.

② 룸서비스

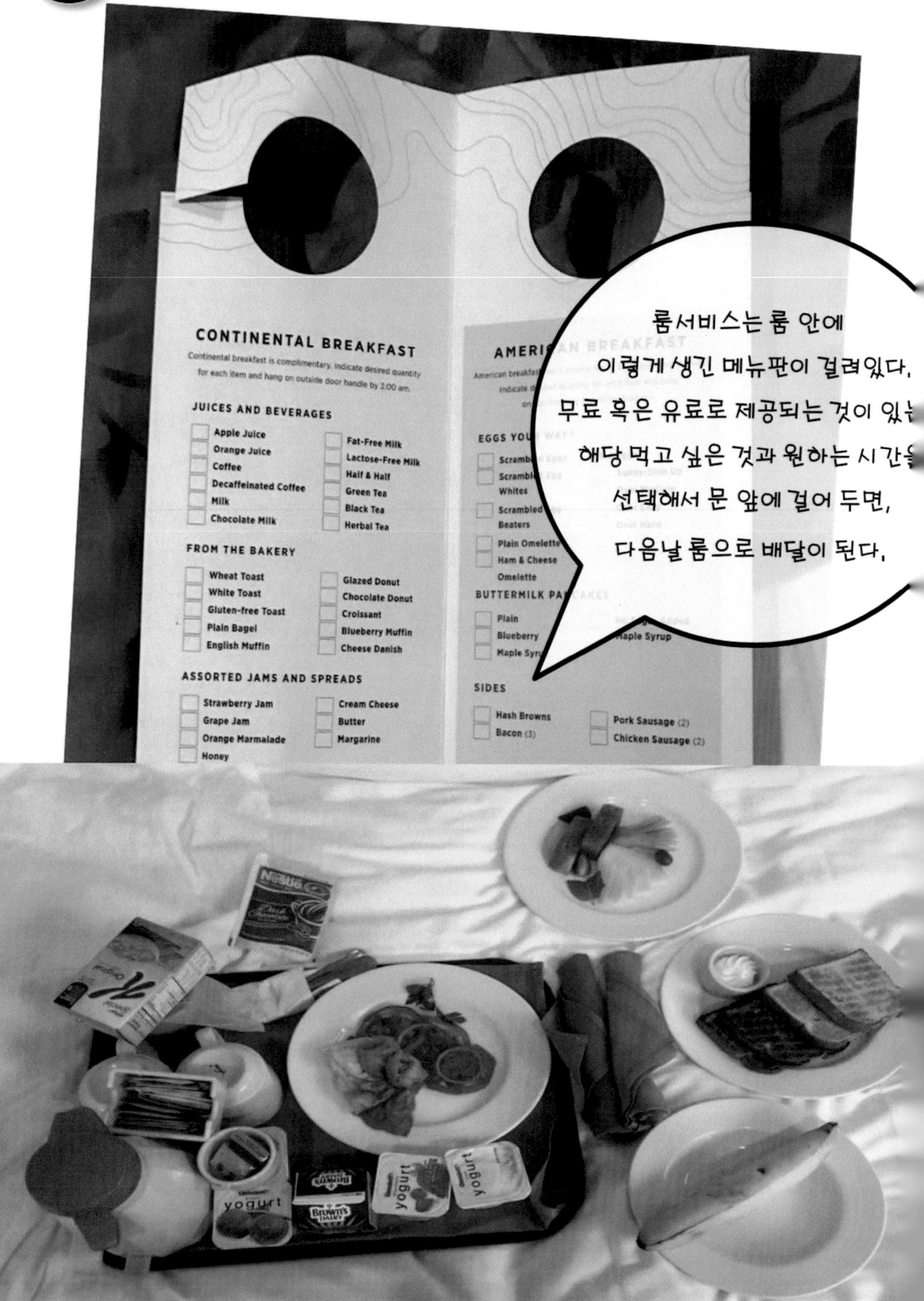

CONTINENTAL BREAKFAST
Continental breakfast is complimentary. Indicate desired quantity for each item and hang on outside door handle by 3:00 am.
JUICES AND BEVERAGES
Apple Juice
Orange Juice
Coffee
Decaffeinated Coffee
Milk
Chocolate Milk
Fat-Free Milk
Lactose-Free Milk
Half & Half
Green Tea
Black Tea
Herbal Tea
FROM THE BAKERY
Wheat Toast
White Toast
Gluten-free Toast
Plain Bagel
English Muffin
Glazed Donut
Chocolate Donut
Croissant
Blueberry Muffin
Cheese Danish
ASSORTED JAMS AND SPREADS
Strawberry Jam
Grape Jam
Orange Marmalade
Honey
Cream Cheese
Butter
Margarine
Plain Omelette
Ham & Cheese Omelette
Plain
Blueberry
Maple Syrup
SIDES
Hash Browns
Bacon (3)
Pork Sausage (2)
Chicken Sausage (2)
룸서비스는 룸 안에
이렇게 생긴 메뉴판이 걸려있다.
무료 혹은 유료로 제공되는 것이 있
해당 먹고 싶은 것과 원하는 시간
선택해서 문 앞에 걸어 두면,
다음날 룸으로 배달이 된다.
yogurt
yogurt
yogurt

정찬(Formal Dinner)

보통 저녁식사 때 정찬을 먹곤 한다. 정해진 레스토랑의 정해진 테이블, 정해진 시간에 식사를 하게 된다. 주류 및 탄산음료의 경우 불포함이며, 정찬 레스토랑에서 원하는 음식이 있으시다면 주문해도 된다. 크루즈의 경우, 스페셜 레스토랑이라고 하여 별도의 예약비를 받는 유료 레스토랑이 별도로 마련되어 있기도 하다.

저녁식사를 정찬 레스토랑에서 먹는다면, 위치는 크루즈 내 3층~5층에 있으며 Room key에 테이블까지 정해져 있고 5성급 이상 호텔에서 코스대로 먹는 정찬을 먹기도 한다.

정찬을 먹을 때 무제한으로 원하는 메뉴를 앉아서 주문을 할 수 있고, 입맛에 맞지 않으면 다른 것을 시킬 수 있는데 모든 것이 무료이다.

대부분이 영어 메뉴판이기에 구글 번역기에 사진으로 번역하는 기능을 습득해서 보면 쉽 선택할 수 있다. 선택을 잘 못할 경우에는 오늘의 조리사 추천 요리를 주문해도 된다.

정찬을 먹으러 갈 때에는 남자들은 긴 바지와 셔츠와 구두를 신고, 여자들은 원피스를 는 것이 정찬 레스토랑의 기본 매너인데, 크루즈 정보 신문에 그날의 정찬 때 복장에 한 글도 있는 경우를 체크하고 캐주얼이면 편하게 입으면 되지만, 그 외에는 위와 같이 장으로 입고 가는 것이 좋다. 또한, 꼭 정찬 먹는 곳이 아닌, 뷔페식당에서 편한 복장으로 향대로 골라 먹어도 된다.

간은 이른 정찬은 오후 6시경, 늦은 정찬은 8시경쯤이다. 일찍 자는 사람은 이른 정찬 좋고, 밤늦게까지 나이트 혹은 야간 극장 등을 이용할 사람은 늦은 정찬도 좋다. 또한 지 들과 함께 왔는데 정찬을 먹는 지정 자리가 다를 경우에는 조금 일찍 가서 정찬 입구에 는 직원에게 이야기를 해서 함께 앉을 수 있도록 요청을 하면 된다.

"이제 정찬에 어떤 음식들을 고를 수 있는지 한번 살펴봅시다!"

정찬 식사할 때, 메뉴판

이렇게 메뉴판에 있는
식사를 골라서 주문하면 된다.
만약 친구들과 갔다면 골고루
하나씩 시켜서 맛을 보는
방법도 좋다!

ANTIPASTO
Frullato di patate e maggiorana con bottarga,
polpo arrosto pomodorini passiti all'origano salsa
di olive taggiasche
Potato and marjoram cream
with dried mullet roe, roasted octopus,
slow cooked cherry tomatoes with oregano
and Taggiasche olives sauce
Frittella di riso con estratto di pomodoro e
basilico su "Friggione" e peperoni arrostiti
Rice fritter with extract of tomato and basil, onion
"Friggione" and roasted bell peppers
Legumes soup with pork jowl and seafood,
casatiello bread crumbs, garlic and parsley
Shaker di sedano rapa
con tortino di cicoria amara coriandoli
di sesamo mandorle al fior di sale
Celery root shaker, bitter chicory cake,
sesame seeds, almonds
and salt flakes
PASTA
Cartoccio di pasta croccante con ragout
di cortile bianco fonduta di Taleggio D.O.P.
e paprika dolce
Crispy pasta parcel with "Courtyard" ragout
D.O.P. Taleggio cheese fondue
and sweet paprika
Tazza di fregola al sapore di zafferano e
prezzemolo con soffritto di mare

정찬 식사를 할 때 주의해야 할 점!

- 저녁 정찬 시 드레스 코드 확인 (남자 : 와이셔츠 & 보타이/ 여자 : 드레스 or 원피스
- 음식에 욕심내지 않기 (한 번에 먹을 수 있는 만큼만)
- 식당에서 웨이터를 부를 때에는 손을 들어서 표시 (소리 지르지 않는다)
- 냄새 나는 음식은 갑판 위 야외에서
- 정찬 식당에서는 좌석 지켜주기

선내에서 갑자기 아파서 병원을 가야 한다면?

여행 시 필요한 비상약을 챙겨가는 것은 기본이다. 그렇지만 예상치 못하게 크루즈에서 많이 아프게 되면 비상약도 큰 효과가 없다. 이럴 때는 선상 의무실에 가면 된다. 의사와 간호사가 상주하고, 긴급한 상황에 대처할 수 있도록 기본적인 의료시설이 있다. 필자도 감기 몸살에 걸려 상담과 약을 처방 받았다. 그런데 무려 200불이나 지불해야 했다. 다행히 치료를 받은 후 차도가 있어서 다시 여행을 즐길 수 있었지만, 진료비와 약 처방비가 너무 아까웠다. 그러나 걱정 말라! 영어로 된 진단서를 첨부해서 여행 전에 가입한 여행자 보험 회사에 제출하면 100% 돌려받을 수 있다.

크루즈는 효도 여행? 장애인이나 노약자 즉, 신체가 불편하신 분도 크루즈 여행을 할 수 있을까?

크루즈는 안전시설이 잘 갖추어져 있어서 다른 여행보다 연세 많으신 분들이 여행하시기에 편리하다. 하지만 그렇다고 어르신들만 즐기기 좋다는 말은 전혀 아니다. 크루즈에는 어린이부터 성인까지 즐길 수 있는 프로그램이 많고, 가족여행으로 완전히 적합하다.

또 장애인이든, 휠체어나 지팡이를 사용하든지 누구든지 크루즈를 즐길 수 있다. 다른 여행보다도 크루즈는 몸이 불편하신 분들이 편하게 다니실 수 있도록 시설을 갖추어 놓았다. 예약할 때 장애인이나 휠체어 시설이 필요한 경우 간단한 서류를 작성하고, 크루즈 안내 데스크에 이야기하면 얼마든지 사용할 수 있다.

크루즈를 즐기는 어르신들

장애인 안내견도 크루즈에!

크루즈에서는 다양한 나라에서 온 사람들을 만날 수 있다?

보통 동남아시아 크루즈에서는 36개국, 지중해 크루즈에서는 56개국 사람들을 만날 수 있었고 크루즈야말로 세계 각국 사람들을 볼 수 있는 곳이다. 승선 첫날밤에 쇼에 가면 사회자가 승객에게 어느 나라에서 왔는지 물어보기도 하는데, 한국, 미국, 영국, 프랑스, 캐나다, 호주 등 자기 나라 호명될 때 고함을 지르며 즐거워한다. 이렇듯 배 안에서는 영어가 통용이 되고 중국인이 배에서는 중국어 서비스도 있으며, 동남아시아 크루즈에서는 매일 객실로 오는 크루즈 선상 신문을 영어가 아닌, 한국어로 넣어달라고 요청을 하면 한국어로 된 크루즈 정보 신문을 매일 객실에 넣어준다. 단체 관광객이 많은 나라는 한국, 중국, 일본인들이 많았고, 대개는 개별 여행 승객들이 많다.

크루즈에서 꼭 누려야 할 것?

일출, 일몰 바라보며 조깅하기

새벽녘의 신선한 바닷바람을 가르며 갑판의 조깅 트랙을 따라 아침 조깅! 수평선 너머로
양이 뜨고 질 때 망망대해를 배경으로 달리는 경험은 오직 크루즈에서만 맛볼 수 있는 특별
이다. 육지에서 절대 만날 수 없는 공해상의 신선한 공기는 크루즈 여행이 주는 선물이다.

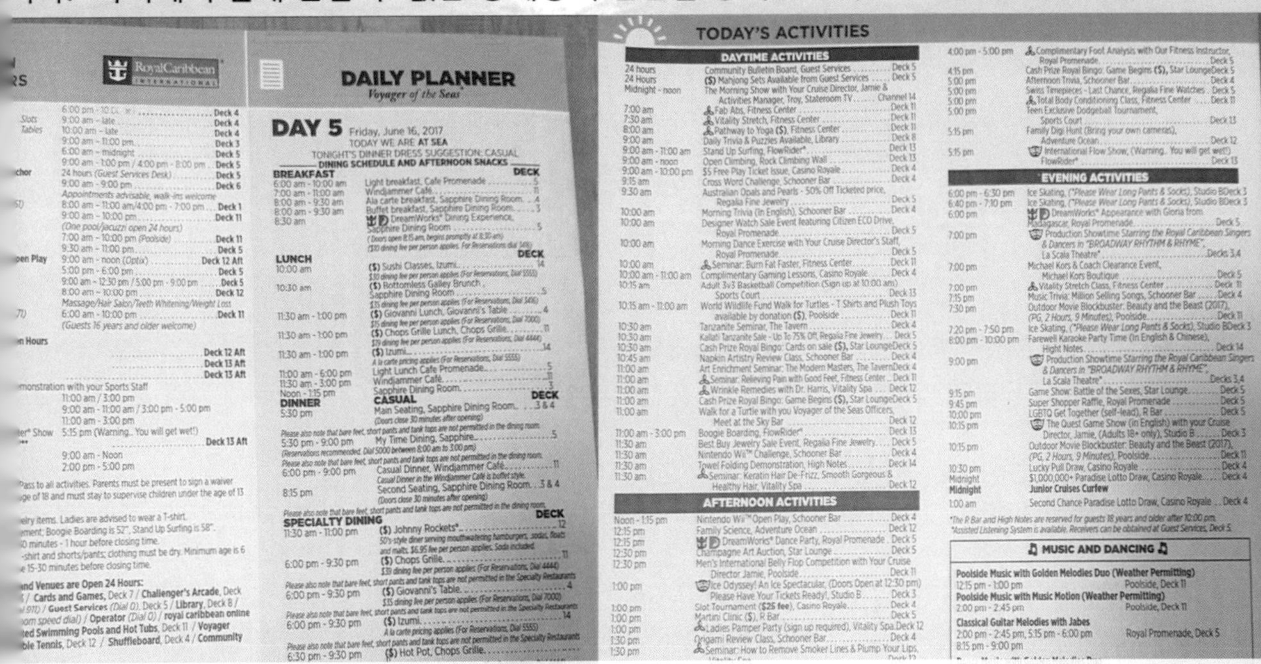

매일 선상 신문이 방으로 배달 (오프라인 번역기 필수!)

장 흥미로운 선상 프로그램은 영어능력이 필요한 프로그램이 아닌 체험과 흥미 위주의
등 댄스 강습이나 크루즈 쉐프의 요리 강습이다. 참가하는 것이 익숙하지 않다면, 그냥 갑판
누워 갑판에서 펼쳐지는 각종 축제나 얼음조각 시범 등의 프로그램을 구경하는 것만으로도
로운 경험이 될 것이다.

3) 갑판에서 낮잠, 기항지 바라보기

크루즈에서 또 하나 빼놓을 수 없는 것이 바로 갑판에서 누리는 호사스러운 여유이다. 갑판의 수영장 주변에는 선탠을 즐기거나 독서를 하며, 여유로운 낮잠으로부터의 행복이 바 크루즈에서 가능하다. 또한 크루즈 선박이 항구와 가까워질 때 내려다보이는 아름다운 절경 땅 위에 서는 절대 볼 수 없는 새로운 경관을 선사한다.

4) 외국인 친구 사귀기 (오프라인 번역기 필수!)

크루즈 여행이 보다 특별한 것은 바로 전 세계에서 모인 사람들과 쉽게 어우러질 수 있는 크루즈 만의 분위기 때문일 것이다. 어린이에서 노인까지, 수십 수 백 개의 다른 일을 하는 전 세계인들과 함께 춤을 배우거나 게임을 하고 관광을 하는 곳이 크루즈이다. 한 배를 탔 동질감이 더 쉽게 친해질 수 있는 비결이다.

5) 그 외에 즐길 것들

No. 18 Luxury Cruise

크루즈 기항지 TIP

선사에서 제공하는 기항지 관광은 가격이 다양하다. 보통 7~8시간이 소요되는 것은 15~20만원정도 들고, 4시간이 소요되는 알래스카 헬리콥터 개썰매 선택 관광은 40~50만원정도 들기도 한다. **기항지 관광 안내 데스크에서 신청하거나 배 떠나기 전에 인터넷으로 온라인 신청도 가능하다.** 또는, 기항지에서 내려서 현지 여행사가 운영하는 관광을 하면, 가격이 저렴하고, 언어에 자신이 없다면, 미리 정보를 알아오거나 기항지 근처에 택시 혹은 밴을 타고 투어를 해도 된다. 혹은 걸어서 근처에 가볼 만한 곳을 다니거나 버스를 타고 시내까지 가도 된다. **지중해 크루즈 선사에서는 크루즈 기항지에서 시내로 가는 셔틀버스를 제공하기도 한다.**

기항지는 내려도 되고, 그냥 크루즈 안에 있어도 괜찮다. 나의 경험으로는 크루즈에서 내려서 근처에 잠깐 투어를 하고, 다시 크루즈에 들어가서 점심밥을 뷔페에서 먹고 다시 기항지에 내려서 근처에 걸어서 다니며 구경하고 다시 크루즈를 탄 경우도 있다. 모두 기항지 마다 다르기 때문에 꼭 미리 체크를 하고 출발하면 좋다.

선사별로 다르지만 기항지 투어 후 크루즈 탑승 시 여권 혹은 크루즈 객실 키를 확인을 해서 본인임을 체크를 한다. 그렇기 때문에 기항지에 내리기 전에는 여권 혹은 여권을 사진 찍은 것을 핸드폰에 사진첩에 넣고 다니거나, 크루즈 객실 키를 가방에 넣고 가는 것이 좋다. **또한, 크루즈 탑승 시 기항지 투어하며, 쇼핑한 주류는 반입이 안된다.**

크루즈 기항지에서 Photo Time!

기항지 관광 후 크루즈를 놓치게 된다면?

크루즈는 정해진 시간에 떠나기 때문에 기항지 관광 후 크루즈가 떠나기 시간 전에는 크루즈 선내로 반드시 돌아와야 한다. 혹시나 크루즈가 떠났다면, 인 경비로 택시, 기차, 비행기를 이용해서 다음 기항지까지 와야 탑승 가능하다. 것도 불가능하다면, 본인의 비용을 들여 도착지에서 자신의 짐을 찾아야 한다.

승선 카드 사용 내역서 체크

승선 카드는 앞서 설명한 것과 같이 선실 열쇠, 신분증, 신용카드로 사용된다. 그래서 크루즈 내에서 구입한 물건과 팁 등을 하선할 때, 한꺼번에 결제하는데, 이때 간혹 중복 승인이나 지불 방법에 대해 잘 몰라서 어려움을 겪기도 한다.

그래서 선내 지출 비용 처리, 지불 방법, 카드 중복 승인에 대해서 설명 드리고자 한다.

*선내 지출 비용 처리 : 수속 시에 발급 받았던 승선 카드는 고객 신용카드와 연결되어 있으며, 선사 기항지 관광, 카지노 칩, 음료수 구입 등 선내에서 이루어지는 모든 결제는 본 카드로 결제하게 된다.

*지불 방법: 하선일 전날 혹은 하선일 아침에 사용 금액이 정리된 용지가 각 선실로 전달되며, 사용 금액은 수시로 선실에 있는 TV에서 확인할 수 있다. 청구금액이 틀릴 경우에는 고객 데스크에 확인하면 되며, 금액이 정확하면 별도의 처리 과정 없이 신용카드 결제일에 맞춰서 청구된다.

*카드 중복 승인: 하선 시 승선카드 청구 금액이 중복 승인되는 경우가 있으나, 그 중 하나는 보증금으로 미 매입 상태로 표시되며 실제 결제되는 금액이 아니다. 카드사에 따라 약 1달 정도 후에 중복된 미 매입 금액은 자동 삭제가 되며, 자세한 사항은 추후 카드사와 재확인하면 된다. (*카드사에 따라 다소 상이할 수 있음)

짐꾸리기

사전에 선실에 들어오는 Departure Form에 귀국 항공편 및 기타 개별 투어 일정을 명기해서 고객안내 데스크에 제출하면 항공편 시간을 감안하여 하선 전날 수하물표가 컬러별 하선 안내문과 함께 선실로 전달된다. 귀중품, 세면도구, 다음날 입을 의상 등 필요한 물건을 제외하고 짐을 꾸린 후 수하물 표에 고객명, 주소, 연락처 등을 명기하고 수하물에 부착한 후 저녁 7시~12시까지 선실 밖에 내놓는다. (선사별 상이할 수 있음)

하선 및 수하물 수령

하선 순서는 수하물 표에 있는 컬러 및 번호에 따라서 이루어지며, 본인의 수하물 컬러 및 번호를 부르면 갱웨이(출구)를 통해 하선하면 된다. 하선 시에는 확인을 위해 본인의 수하물 표가 필요하므로 손에 들고 있으면 된다.

크루즈 여행, 여권과 비자는?

대부분이 무비자(관광비자) 입국 가능하다. 미국 경유일 때는 미국 입국 허가증(ESTA) 비자가 필요하며 한국에서 미리 발급받아야 한다. 여권과 비자 관련 사항은 탑승객 본인이 꼭 확인하고, 여권은 탑승 시점을 기준으로 최소 6개월 유효기간이 남아있어야 하며, 크루즈 운항 일정 중 비자가 필요한 국가가 있을 경우에는 하선을 하지 않더라도 반드시 비자를 받아야 크루즈 탑승수속이 가능하다.

<운항 일정별 필요 비자>

* 미주[카리브해, 알래스카, 멕시코, 바하마, 버뮤다, 파나마운하, 캐나다/뉴잉글랜드(미국 출발), 하와이, 남미] –미국 입가 허가서(ESTA)
* 북유럽-러시아(개별 여행의 경우 Tour Ticket이 필요하며, 기항지 선택 관광 프로그램에 참가할 경우 해당 시간 동안 비자 없이도 입국이 가능)
* 아시아-중국비자
* 호주/뉴질랜드-호주 비자
* 지중해-별도 비자 필요 없음(국가에 따라 상이함)

크루즈 여행에 대한 사람들의 고정관념과 오해를 풀어보자!

크루즈는 비싸다?

1

크루즈 여행은 7성급 호텔만큼 초럭셔리 여행이다.
가격은 절대 비싼 것만은 아니고, 크루즈 여행 정보를 알면 20만 원 ~100만 원 이내로도 가능한 여행이다. 직접 각각의 크루즈 선사들에 홈페이지마다 들어가서 예약하는 방법도 있지만, dreamtrips.com 홈페이지에서 예약하는 방법은 각 선사별로, 각 출항지별로, 전 세계 크루즈를 한 사이트에서 볼 수 있고, 예약할 수 있어서 편리하다.
더 착한 가격에 가고자 한다면, 한 객실에 4명을 예약한다면 2명을 예약할 때보다 인당 크루즈 비용을 더 절감할 수 있다. 또한 출항지까지 비행기를 타고 가야 하는데, 되도록 직항보다는 경유하는 비행기를 최소 3~6개월 전에 항공편을 예약하는 것이 좋다.

크루즈 안에서만 보내면 지루하고 답답하다?

2

항지 자유여행이 포함이다. 지중해 크루즈를 예를 들면, 잠자고 눈뜨면 그리스에 도착을 고, 기항지에 내려서 자유여행 후 다시 크루즈에 탑승을 하고~ 잠자고 아침에 눈을 뜨면 로아티아에 도착을 한다. 즉 기항지에서 자유여행을 하게 된다.
루즈는 배만 타는 것이 아니고, 기항지에 내려서 육지에서 자유여행도 하기도 한다. 예를 면, 이태리에서 출항한 크루즈가 자고 일어나면 프랑스에 도착해서 기항지 자유 관광을 고, 프랑스에서 출발한 크루즈가 다시 자고 일어나면 스페인에 도착하고, 또 자고 일어나 터키, 또 자고 일어나면 크로아티아, 또 자고 일어나면, 그리스 산토리니에 도착해서 기항 자유 관광을 한다. 크루즈는 바다 위에 떠다니는 리조트이고 종합선물세트라고 생각하면 다. 또한, 선사 프로그램이 다양하기 때문에 매일 객실로 배달되는 크루즈 정보 신문을 고 적극적으로 다닌다면 심심할 틈이 없다. 탁구, 농구, 빙고, 댄스 등 외국인과 함께하는 종 대회 참여해서 크루즈에서 주는 선물 받기, 댄스도 배우고, 사우나와 수영, 서핑, 클라 밍, 탁구, 농구, 미니 골프, 도서관, 저녁마다 매일 다른 공연, 실내공연, 재즈 bar에서 피아 들으며 맥주 한잔 마시기, 나이트클럽, 마술공연, 야외극장, 카지노, 바다를 바라보며 헬 장에서 운동, 바다를 바라보며 한가롭게 보고 싶었던 책을 읽거나, 출항하는 바다를 바라 며 선베드에 누워서 쉴 수도 있고, 해돋이, 해 저무는 것, 별을 감상하고, 산책하며 멋지게 진도 찍을 수 있다. 때로는, 기항지 관광 후에 시간이 부족해서 크루즈에서 준비된 모든 들을 경험하지 못할 때도 있다.

3

크루즈 여행 기간이 길어서 부담이 된다?

No! 보통 크루즈는 짧게는 3박 4일부터 120일간의 세계 일주 크루즈까지 매우 다양한 크루즈 여행 상품이 있다.

멀미가 심해서, 크루즈를 타면 멀미가 날 것이다?

4

밤에 바람이 심하게 불면, 요람처럼 살짝살짝 흔들리기도 하지만, 그 외에는 탁자 위에 컵도 흔들리지 않을 정도이다. 즉, 대형 리조트에서 멀미를 하지 않듯이 크루즈를 배 위에 떠다니는 대형 리조트라고 생각하면 된다.
저자는 멀미가 심한 편인데, 5번의 크루즈 여행을 경험하면서 멀미를 한 적은 버뮤다 삼각지대에서 저녁 정찬 때 외에는 없었다. 크루즈는 바다 위에 리조트와 같다. 또한, 평소에 불면증이 살짝 있었는데, 밤에 잘 때 배가 요람처럼 흔들려서 크루즈 안에서는 불면증 없이 푹 숙면을 취할 수 있어서 좋았다.

5

크루즈는 나이가 들면 타러 가는 것이 맞다?

크루즈는 누구나 가면 좋지만, 특히나 많은 국가를 다녀보고 싶은 사람, 여러 나라 및 지역을 갈 때 이곳저곳 호텔을 옮겨 다니며 짐을 풀고 쌓고, 여러 번 하기 싫고, 한곳에서 쭉 지내면서 여러 나라를 경험하고 싶은 사람, 일정이 얽매이기 싫은 사람, 많은 활동을 하고 싶은 사람, 신혼여행자, 은퇴자, 아동이 있는 가족 동반자, 타 문화를 접하고 싶은 사람, 10대부터 80대 이상 즐길 수 있는 것이 많기 때문에 모든 사람에게 해당된다.

All Availab

혼자서 크루즈 여행을 한다면 괜찮을까?

6

혼자서 크루즈를 즐기러 오는 사람들을 종종 보기도 했다. 선사 내에서는 싱글끼리 만날 기회를 주고 파티를 열어주기도 하기도 하기 때문에 크루즈 안에서 새로운 친구를 만날 기회가 주어지기도 한다. 다만, 호텔 싱글 차지처럼 혼자 크루즈 객실을 쓴다면 싱글
차지가 발생한다.

크루즈는 인천, 부산에서 배를 타고 출발한다?

7

향후 인천, 평택에서부터 출항하는 크루즈가 생기겠지만, 현재는 아시아 크루즈는 상해에서 출발, 동남아시아 크루즈는 싱가포르에서 출발, 캐리비안크루즈는 미국에서 출발 등등 해당 크루즈마다 출발하는 곳이 다르고, 한국에서 비행기를 타고 출발하는 곳으로 하루 전날 가는 것이 좋다.

크루즈에 대한 정보가 부족하다?

8

본 필자들에게 연락을 주시면 크루즈에 대해 좀더 재미있고 많은 이야기들을 들으실 수 있습니다.
다만 평일은 일을 해야 하므로 주말 문의가 좋습니다.
그리고 미리 메일을 주셔야 합니다. 바쁠 경우에는 당연히 답이 늦어질 수 있음을 양해 부탁드립니다
^^*

박소은
톡ID: miso43355
mail: miso43355@naver.com
로그: blog.naver.com
/miso43355

김용건
톡ID: dandyguy99
mail: rjstkah@hanmail.net

그 외에 크루즈 여행을 할 때

참고하면 좋은 Tip들

크루즈 여행 전 알아두면 좋은

크루즈 용어

1. Cabin : 캐빈, 일반적으로 승객이 머무는 객실
2. Inside Cabin : 인사이드 객실. 크루즈선 내측에 위치한 객실.
   창문이 없어서 밖을 볼 수 없으므로 객실 중 가장 저렴하다.
3. Ocean View Cabin : 오션뷰 객실, 창문이 있어 바다를 볼 수 있는 객실
4. Balcony View Cabin : 발코니 뷰 객실, 객실에 발코니가 있으며,
   밖에 나가면 바로 바다가 보이는 객실
5. Suite Cabin : 스위트룸 객실, 크루즈선에서 가장 고급스러운 객실이며
   크루즈에 따라 조금씩 다르지만, 주니어 스위트, 디럭스 스위트,
   펜트하우스, 마스터 스위트 등 여러 종류가 있다.
6. Gangway : 지상과 크루즈를 연결하는 출구 (보통 2-3층에 위치)
7. Deck : 덱, 크루즈의 층수
8. SeaPass : 크루즈 안에서 신분증 역할을 하는 카드
9. Muster Drill : 비상 안전 훈련 (승선 후 필수로 이뤄지는 안전교육)
10. Shore Excursion : 기항지 관광 관련 투어
11. Abandon Ship : 긴급 탈출 명령
12. Starboard Side : 크루즈에서 오른쪽
13. Port Side : 크루즈에서 왼쪽
14. Port of Call : 크루즈가 기항하여 탑승객들이 하선할 수 있는 기항지
15. Port day : 선박이 기항지에 멈추어 서는 날

자유여행 Tip?

"인천공항 이용Tip!"

1. 출국 2-3시간 전에 공항 도착하기
2. 무료 샤워실 (위치: 환승 편의시설 4층 동, 서편 탑승동 중앙)
3. 라운지 (면세점 근처 누울 수 있는 의자와 스마트폰 충전을 할 수 있는 곳이 많다.)
4. 인터넷 카페

   인터넷이나 프린트, 복사 스캔 등을 바로 할 수 있다.

   위치: 일반 여객터미널 2층, 면세 여객터미널 3층 24, 41 게이트 부근
5. 공항에서 마시는 독일 생맥주 (위치: 9번과 10번 게이트 사이 스낵바에서 독일 항공이 제공하는 독일 생맥주)
6. FOOD ON AIR 위치 (지하 1층 스타벅스 맞은편)
7. 세탁소 위치 (지하 1층 하나은행 맞은 편)
8. 세탁소 –외투 무료 보관 –국내 항공사 이용할 경우 무료로 외투 보관 서비스 이용 가능

   - 대한항공: 탑승수속 후 공항 3층 A동 한진 택배 카운터
   - 아시아나 항공: 지하 1층 서편 위에 소개한 '클린업 에어'
9. SPA ON AIR 에서 연중무휴 24시간 샤워시설이 있다. (위치: 지하 1층)
10. 물품 보관소 이용하기 (위치: 3층 체크인 카운터 AM 맞은편)
11. PP카드, PP카드 이용 시 공항 내 라운지 안에 모든 것들이 공짜이다. 1년에 공항을 2번 이상 이용한다면 만드는 것이 좋다.
12. 병원/ 의료센터 –응급실 24시간 연중무휴
13. 여행 출발 전날 여권을 분실했을 때는 '긴급 여권발급 서비스' 라는 곳에서 당일 발급 가능하다.

자유여행 Tip?

"여행 출발 전날 여권을 분실했을 때?"

물론 미리 여권을 잘 챙겨야겠지만, 여행 출발 전날 여권을 분실 했다면, 인천공항에 있는 '긴급 여권발급 서비스'를 이용한다.

#서비스 내용

>긴급 단수 여권 발급(1년 유효기간)

#제출 서류

>여권발급 신청서, 신분증(주민등록증, 유효한 운전면허증, 유효한 여권), 여권용 사진 2매, 당일 항공권, 18세 미만인 경우 법정대리인이 신청 (법정대리인 신분증, 가족관계증명서, 기본 증명서 (행정전산망을 통해 확인 가능한 경우 제출 생략)

- 처리시간 : 1시간 30분
- 수 수 료 : 15,000원

#업무 시간

>평일(토, 일 근무) 09:00-18:00

>법정 공휴일은 휴무

#연락처

>전화번호 : 032) 740-2777~8, 팩스 : 032) 740-2775

(인천국제공항 3층 출국장 F 카운터 소재)

※ 해외에서 여권 분실 시에는 해당 대사관에 문의한다.

자유여행 Tip?

"국제운전면허 발급 방법"

국제운전면허증은 당일 발급 가능하며 유효기간은 발급일로부터 1년이다. 발급 신청은 인터넷으로는 신청이 불가능하며, 경찰서 혹은 도로교통공단 운전면허시험장에서 접수 가능하며 준비물은 여권용 사진 1매(3.5cm * 4.5cm), 운전면허증, 여권, 신청 수수료는 8,500원이다.

대 한 민 국
REPUBLIC OF KOREA

국제 자동차 교통
국제운전면허증
INTERNATIONAL DRIVING PERMIT
1949. 9. 19의 도로교통에 관한 협약

발급지 ISSUED AT GYEONGGI NAMBU, KOREA
발급연월일 DATE OF ISSUE 18. Aug. 2017
면허번호 PERMIT NO

Lee Ki Chang

경기도남부지방경찰청장
COMMISSIONER OF
GYEONGGI NAMBU PROVINCIAL POLICE AGENCY

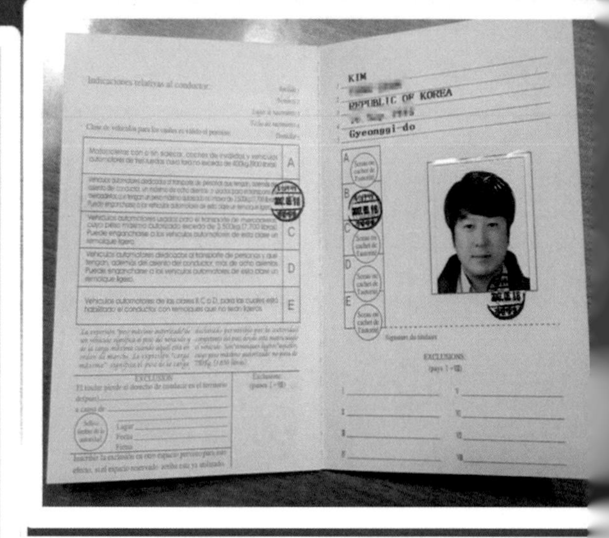

본 운전 면허증은 발급국 국내를 제외하고는 모든 국제 도로 교통 협약 가입국에서 사용할 수 있으며 유효 기간은 1년이고 본 면허증 사용 차량은 최후면 기재 차량에 한한다.

유효기간 EXPIRES ON 17. Aug. 2018

- 유 의 사 항 -

국제운전면허증으로 운전시 우리나라 면허증과 여권을 함께 소지하시기 바랍니다.

국제운전면허증의 유효기간에도 불구하고 국제협약의 내용 및 해당국 관계법령에 따라 효력이 인정되지 않을 수 있으므로 운전가능 여부를 반드시 해당국 대사관 등을 통하여 확인 후 운전하시기 바랍니다.

대부분의 국가에서는 해당국 입국 후 1년이 경과한 경우 국제운전면허증의 효력이 인정되지 않습니다. 해당국에서 1년 이상 장기간 체류하고자 하는 경우 해당국가 운전면허를 취득하여 운전하시기 바랍니다.

운전자에 관한 사항

미리 알아두면 좋은 어플

"해외여행 시 미리 다운받고 가면 좋은 여행 필수 어플 및 블로그?"

1. 크루즈 기항지 투어할 때, 가장 많이 이용하는 것은 네이버 블로그이다. 예를 들어서, '싱가포르 크루즈 출항하는 곳, 푸켓 맛집 등등'
2. 지도는 구글 지도, 맵스미(오프라인 사용 가능), 바이두 지도(중국)
3. 숙소는 드림트립, 에어비앤비, 부킹닷컴, 호스텔월드, 카우치서핑
4. 교통은 Uber, 카카오택시처럼 전 세계 유명한 택시 어플 유명한 Uber 택시
5. 항공권은 드림트립, 스카이스캐너, 카약
6. 나라별 환율 변환 어플 – Currency
7. 트립 어드바이저 –호텔, 음식점, 관광명소 위치 확인, 현위치에서 맛집 찾기
8. 구글 번역 –번역 기능, 모르는 한자 사진 찍고 클릭하면 자동번역. 크루즈안에서 오프라인에서도 사용 가능하므로, 미리 해당 언어들을 여행전에 다운 받아간다. 사진으로 번역기능도 있으니, 크루즈 정찬 메뉴를 사진으로 스캔해서 번역하면 먹고 싶은 메뉴를 찾기 좋다.
9. Google –해외에서는 구글로 검색이 유용
10. 마이뱅크 – 여행자 보험료가 가장 저렴한 어플

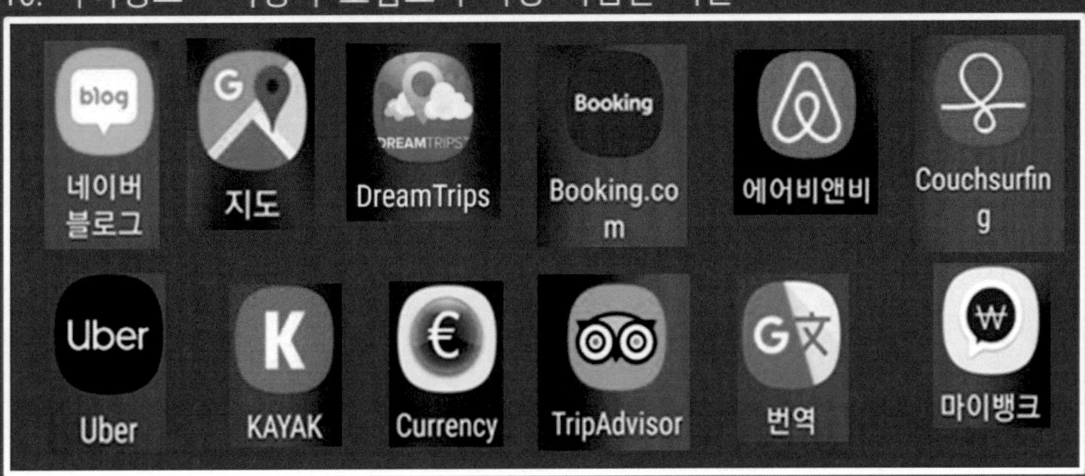

자유여행, 패키지, 크루즈로 50여 개국을 여행하다!

소은이가 다녀온 세계 여행지

일본(Japan)
도쿄, 2007

체코(Czech)
프라하, 2008

오스트리아(Austria)
오스트리아, 2008

헝가리(Hungary)
헝가리, 2008

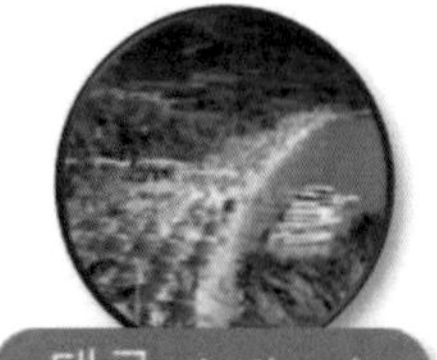

태국(Thailand)
파타야, 2014.12.

말레이시아(Malaysia)
코타키나발루, 2013

중국(China)
북경, 2011

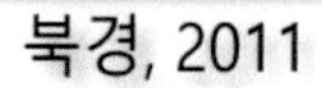

필리핀(Philippines)
보라카이/마닐라, 20

일본(Japan)
오키나와, 2015.03.
몬테레이 스파&리조트 호텔

태국(Thailand)
방콕, 2015.06.
노보텔

중국(China)
상해, 2015.08.
아시아 크루즈

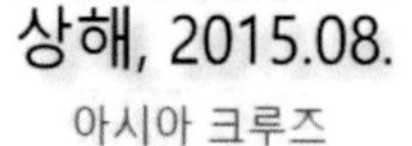

일본(Japan)
후쿠오카, 2015.0
아시아 크루즈

Continue~

미국(America)
뉴올리언스, 2015.10.
카니발 크루즈

미국(America)
달라스, 2015.10.
카니발 크루즈

태국(Thailand)
코사무이, 2015.09.
KC리조트&오버워터빌라 디럭스룸

한국(Korea)
제주도, 2015.08
아시아 크루즈

태국(Thailand)

코사무이, 2015.09.

KC리조트&오버 워터 빌라 디럭스룸

미국(America)

달라스, 2015.10.

캐리비안 카니발 크루즈

미국(America)

뉴올리언스, 2015.10.

캐리비안 카니발 크루즈

미국(America)

바하마, 2015.10.

캐리비안 카니발 크루즈

미국(America)

산후안, 2015.10.

캐리비안 카니발 크루즈

미국(America)

세인트 토마스, 2015.10.

캐리비안 카니발 크루즈

프랑스(France)

세인트 마틴, 2015.10.

캐리비안 카니발 크루즈

영국(England)

버뮤다, 2015.10.

캐리비안 카니발 크루즈

미국(America)

올랜도, 2016.01.

오렌지 레이크 리조트

싱가포르(Singapore)

싱가포르, 2016.03.

이탈리아(Italia)

이탈리아, 2016.06.

지중해 크루즈

스페인(Spain)

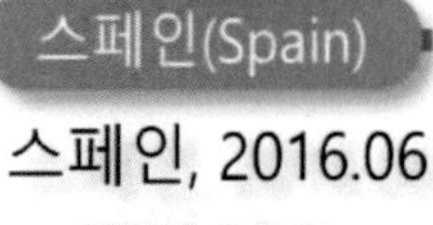

스페인, 2016.06

지중해 크루즈

필리핀(Philippines)

보홀, 2016.10.

보홀비치클럽

베트남(Vietnam)

다낭, 2016.08.

로얄 M갤러리 호텔

중국(China)

홍콩, 2016.06.

하버 그랜드 구룡호텔

프랑스(France)

프랑스, 2016.06.

지중해 크루즈

베트남(Vietnam)

하노이, 2016.12.

인터콘티넨탈 호텔

중국(China)

홍콩, 2017.01.

더 구룡호텔

필리핀(Philippines)

마닐라, 2017.03.

노부호텔

미국(America)

플로리다, 2017.04.

얼루어호 크루즈

Continue~

One More Time

싱가포르(Singapore)

싱가포르, 2017.06.

로얄캐리비안 크루즈

아이티(Haiti)

아이티, 2017.04.

얼루어호 크루즈

자메이카(Jamaica)

자메이카, 2017.04.

얼루어호 크루즈

멕시코(Mexico)

코주멜, 2017.04.

얼루어호 크루즈

말레이시아(Malaysia)

페낭/랑카위, 2017.06.

로얄캐리비안 크루즈

태국(Thailand)

푸켓, 2017.06.

로얄캐리비안 크루즈

체코(Czech)

프라하/체스키크롬루프,
2017.09.

크로아티아(Croatia)

두브로브니크, 2017.0

유럽여행

싱가포르(Singapore)

싱가포르, 2017.11.

중국(China)

마카오, 2017.10.

중국(China)

홍콩, 2017.10.

그리스(Greece)

산토리니/아테네, 201

유럽여행

인도네시아((Indonesia)

바탐, 2017.12.

호주(Australia)

시드니/프레이저 아일랜드,
2018.04.

필리핀(Philippines)

세부, 2018.09.

대만(Taiwan)

타이베이, 2018.10

지중해 크루즈

우리의 여행은 계속 됩니다!
세상은 넓고 인생은 짧다!

"세계는 한 권의 책이다.

여행을 하지 않는 자는

그 책의 단 한 페이지만 읽을 뿐이다."

소은이가 다녀온 크루즈 상품&가격

아시아 크루즈(Asia Cruise)

중국 상해에서 출발하는 아시아 크루즈에 탑승해서
중국 상해, 한국 제주도, 일본 후쿠오카의 기항지에
내려서 투어를 했으며, 직접 다녀온 크루즈의 가격대
자료를 보관하지 않았지만, 아시아 크루즈의 대략적인
가격대는 아래와 비슷했다.

비행기와 비자 그리고 크루즈 포함 가격대는
00만원 이내 였으며, 인사이드 캐빈을 예약했는데,
오션뷰 캐빈으로 업그레이드되었다.

DEPARTURE DATE

7 Night Far East Cruise

departing from Hong Kong, Hong Kong SAR, China

Royal Caribbean INTERNATIONAL

Cruise Line Royal Caribbean International
Cruise Ship Voyager Of The Seas
Ports Of Call Hong Kong, Hong Kong SAR, China | Hue, Vietnam | Nha Trang, Vietnam | Phu My, Vietnam | Singapore, Singapore

Starting at
$574

DATE	INSIDE	OCEANVIEW	BALCONY	SUITE	OFFERS
Apr 23 2019	$574 lowest fare	☎	☎	$2,754 lowest fare	1 Promos Click to View!

☐ Compare | Select | Details +

*Port charges, taxes, and fees of **$180** are not included*

DEPARTURE DATE

5 Night Far East Cruise

departing from Keelung (Taipei), Taiwan, China

PRINCESS CRUISES

Cruise Line Princess Cruises
Cruise Ship Majestic Princess
Ports Of Call Keelung (Taipei), Taiwan, China | Hakata, Japan | Busan (Kyongju), South Korea

Starting at
$688

DATE	INSIDE	OCEANVIEW	BALCONY	SUITE	OFFERS
Apr 15 2019		☎	$688 lowest fare	$973 lowest fare	1 Promos Click to View!

☐ Compare | Select |  Details +

*Port charges, taxes, and fees of **$125** are not included*

크루즈에서의 만찬

크루즈에서는 삼시 세끼
매일매일 7성급 호텔 수준
음식들을 무제한으로
먹을 수 있다.

크루즈 객실 안에서
룸서비스로 조식을 먹는 것
특별한 경험이 될 것이다.

또한, 선상 신문을 통해
확인하면, 몇 층에서 스시
혹은 바비큐 파티를 한다
글도 종종 있다.

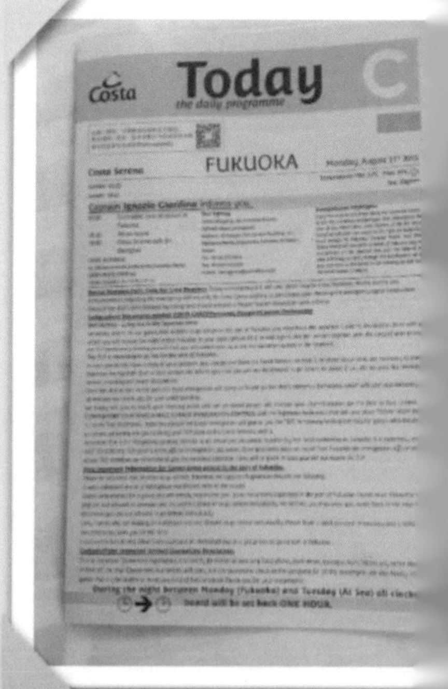

Costa Today
the daily programme
Costa Serena
FUKUOKA

아시아 크루즈(Asia Cruise) 객실

오션뷰 OCEANVIEW

오션뷰는 바다가 보이는 객실입니다.

Oct 4 2015 - Oct 15 2015

11 Nights

$379 USD*
Per Person

포함 사항

- 아침, 점심, 저녁 식사, 플러스 전문 레스토랑과 캐주얼 한 식사를 위한 무료, 멀티 코스 식사와 일식레스토랑 추가 비용 기타 식사 옵션을 제공합니다.
- 워터 파크와 리조트 스타일의 수영장 온보드 수도국.
- 미니 골프 18홀, 공연장, 탁구장, 도서관, 노래방, 클럽, 체육관, 해수 수영장, 트리트 트 룸, 사우나, 터키탕, UVA 광선 일광 욕실, 통나무 집과 스위트와 두 가지 수준이 삼사라 스파에 액세트
- 쇼핑센터 (면세점)
- 지원 전문가는 이 여행과 함께 제공됩니다

아메리칸항공 왕복 85만

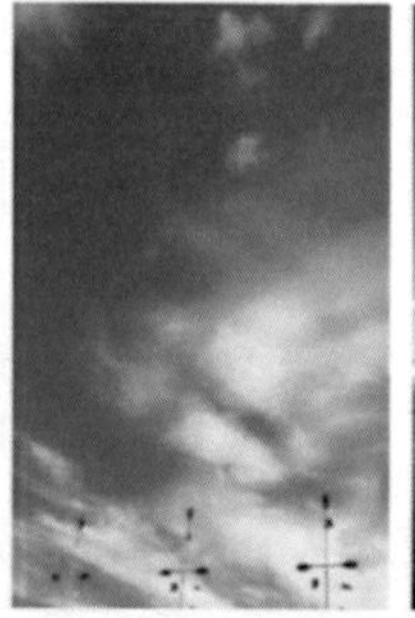

고요한 바다 6월 11일부터 18일까지 항해
사 보나, 리구 리아, 이탈리아

6 월 (11) 2016에서 2016 사이

7 일

코스타 디아 데마

$ 719.00 USD*
달

로얄캐리비안 얼루어호 크루즈

2017년 4월 16일 - 2017년 4월

7 일

바다 로얄 캐리비안 매력

$ 759.00 USD*
당 사람

포함 사항

- 아침, 점심, 저녁 식사, 플러스 전문 레스토랑과 캐주얼 한 식사를 위한 무료, 멀티
  식사와 일식레스토랑 추가 비용 기타 식사 옵션을 제공합니다.
- 워터 파크와 리조트 스타일의 수영장 온보드 수도국.
- 미니 골프 18홀, 공연장, 탁구장, 도서관, 노래방, 클럽, 체육관, 해수 수영장,
- 쇼핑센터 (면세점)
- 지원 전문가는 이 여행과 함께 제공됩니다.
- 링크: https://www.dreamtrips.com/trips/1704us8333/fortlauderdale-florida-unitedstates

델타항공 왕복 71만원

Sold Out

Explore & Sail Southeast Asia
Singapore, Singapore

Feb 4 2017 - Feb 9 2017

5 Nights

$349

$469.00 USD*
Per Person

APPLY UP TO 120 POINTS

Price is per person based on double occupancy

Price shown reflects per person pricing and does not include Government fees or taxes

Questions? Call us at +85 258084986
or contact DreamTrips@rovia.com

- 로얄캐리비안/마리너호 탑승 _140,000톤
- 크루즈 전 일정 식사 포함
- 아이스링크쇼 , 암벽등반 등 다채로운 크루즈라이프 제공

- 플래티넘 혜택 _ $25-$75 온보드크레딧 제공

- 비행기 포함 1인당 **110만원**

크루즈 여행자가 꼭 알아야 할 22가지

발 행 | 2019년 4월 3일
저 자 | 박소은 김용건
펴낸이 | 한건희
펴낸곳 | 주식회사 부크크
출판사등록 | 2014.07.15.(제2014-16호)
주 소 | 경기도 부천시 원미구 춘의동 202 춘의테크노파크2단지 202동 1306호
전 화 | 1670-8316
이메일 | info@bookk.co.kr

ISBN | 979-11-272-6795-7

www.bookk.co.kr